中文版

Photoshop

2022 效果图后期处理
技法剖析

李强 ◎ 编著

清华大学出版社
北京

内 容 简 介

本书系统、详尽地介绍了使用 Photoshop 对室内外效果图进行后期处理的方法和技巧。全书内容安排由浅入深，每一章的内容都非常丰富，力求涵盖 Photoshop 后期处理中用到的所有技术要点。

本书共分为 17 章，各章的主要内容如下：第 1 章介绍 Photoshop 与效果图的关系；第 2 章介绍 Photoshop 快速入门；第 3 章介绍常用的 Photoshop 工具和命令；第 4 章介绍效果图的简单修补；第 5 章介绍常用配景的处理；第 6 章介绍效果图的光效与色彩处理；第 7 章介绍制作各种常用纹理贴图；第 8 章介绍效果图的艺术特效；第 9~10 章介绍新中式客厅和酒店大堂效果图的后期处理；第 11 ～ 14 章分别介绍别墅、居民楼、夜景、鸟瞰等效果图的后期处理；第 15 章介绍室内彩色平面图的制作；第 16 章介绍某小区平面规划图的制作与表现；第 17 章介绍效果图的打印与输出。

本书不仅适合作为室内外设计人员的参考手册，也可作为大、中专院校和培训机构建筑设计、室内设计及相关专业的教材。

图书在版编目 (CIP) 数据

中文版 Photoshop 2022 效果图后期处理技法剖析 / 李强编著 . —北京：清华大学出版社，2023.7（2024.2重印）
ISBN 978-7-302-64062-2

Ⅰ . ①中⋯　 Ⅱ . ①李⋯　 Ⅲ . ①图像处理软件　 Ⅳ . ① TP391.413

中国国家版本馆 CIP 数据核字 (2023) 第 126738 号

责任编辑：韩宜波
封面设计：杨玉兰
版式设计：方加青
责任校对：李玉茹
责任印制：刘海龙

出版发行：清华大学出版社
　　　网　　　址：https://www.tup.com.cn，https://www.wqxuetang.com
　　　地　　　址：北京清华大学学研大厦 A 座　　　　　　　　邮　　编：100084
　　　社 总 机：010-83470000　　　　　　　　　　　　　　邮　　购：010-62786544
　　　投稿与读者服务：010-62776969，c-service@tup.tsinghua.edu.cn
　　　质 量 反 馈：010-62772015，zhiliang@tup.tsinghua.edu.cn
印 装 者：小森印刷霸州有限公司
经　　销：全国新华书店
开　　本：190mm×260mm　　　　印　　张：17　　　字　　数：413 千字
版　　次：2023 年 8 月第 1 版　　　印　　次：2024 年 2 月第 2 次印刷
定　　价：79.80 元

产品编号：098765-01

前 言
PREFACE

首先，感谢您翻阅这本全面介绍 Photoshop 2022 效果图后期处理的图书。也许您正为需要寻找一本技术全面、案例丰富的计算机图书而苦恼，或许您正担心制作不出书中的效果，又或许您正因为不知道该买一种什么样的效果图后期处理教材而犹豫……

本书内容包括从基础的常用工具和命令介绍到多个经典的室内外案例效果图制作，兼具了基础手册和技术手册的多种特点。本书能够帮助您解决学习中遇到的难题，提高技术水平，快速成为效果图后期处理的高手。

本书章节内容安排如下。

第 1 章主要讲述效果图的基本概念、作用以及特色，同时还介绍了效果图与色彩和美术的关系，使读者对效果图的相关知识有大体的了解。

第 2 章主要讲述 Photoshop 的工作界面、图像的类型以及格式，同时还详细介绍了图层的相关内容。

第 3 章主要讲述 Photoshop 中常用选区工具和修图工具的使用以及常用的素材变换技巧，同时还介绍了图像色彩调整的一些命令。

第 4 章主要介绍调整效果图中的错误材质、不理想的画面构图、颜色通道和溢色等内容。

第 5 章主要通过几个典型且实用的实例，讲述效果图中遇到的各种投影和阴影、天空、植物以及人像的处理方法等。

第 6 章主要通过制作几个常用的光效，讲述效果图中遇到的各种灯光问题的解决方法。

第 7 章主要讲述纹理贴图的制作方法和技巧，包括三维软件中的无缝贴图，以及各种常用的金属、木纹、布纹、石材和草地等贴图。

第 8 章主要讲述艺术效果图的制作方法和技巧，包括使用各种工具和命令，结合各种滤镜效果制作艺术特效。

第 9 章主要讲述新中式客厅效果图的后期处理方法和技巧，包括对效果图整体、局部以及色调的处理，并通过添加装饰素材来表现客厅效果。

第 10 章主要讲述酒店大堂效果图的后期处理方法和技巧，包括如何对效果图的色调和氛围进行处理等内容。

第 11 章主要讲述别墅效果图的后期处理方法和技巧，在制作过程中，通过大量使用复制图层调整出阴影和玻璃倒影效果。

第 12 章主要讲述通过添加各种素材来完成居民楼效果图后期处理的方法和技巧，并着重讲述建筑色调调整以及整个氛围的烘托方法。

第 13 章主要讲述室外夜景效果图后期处理的方法和技巧，包括夜景商业的氛围烘托以及夜景住宅细节的处理等内容。

第 14 章主要讲述鸟瞰效果图较为完整的后期处理方法和技巧，包括如何调整建筑的局部色调，并通过调整局部色调来协调整体效果。

第 15 章主要讲述如何根据 CAD 图纸填充、拼凑素材图像来制作室内彩色平面图效果。

第 16 章主要讲述某小区部分平面规划图的制作方法和技巧，通过使用各种图像调整工具并添加装饰素材来完成平面规划图的制作。

第 17 章主要讲述效果图打印与输出的注意事项以及选项设置技巧。

本书具有以下特点。

● 应用领域广，内容全面。书中根据 Photoshop 效果图处理技巧设计了大量的案例，内容安排由浅入深、从易到难，让读者在实战中循序渐进地学会相应工具、命令的使用方法，同时掌握相应的行业应用知识。

● 内容精练，知识点讲解到位。书中每个专题都配有相应的案例，让读者在不知不觉中学会效果图的专业制作方法和流程；同时还有大量的提示和技巧总结，恰到好处地对读者进行点拨。

● 一对一式的多媒体教学。书中涉及的每个案例都有详细的语音讲解，使读者不仅可以通过图书研究每一个操作细节，还可以通过多媒体课程领悟到更多的实战技巧。

本书以案例为主，摒弃了长篇理论的讲解，从实际工作出发，对常用功能和技巧进行深入阐释，使读者可以直观、轻松地理解书中内容，掌握制作效果图的方法。本书操作性与可读性强，特别适合建筑专业相关的学生以及与建筑设计和室内设计相关的工作人员使用，让读者能够切身领悟专业而实用的后期处理技巧。

本书由淄博职业学院的李强老师编著，共计 401 千字，其他参与本书内容编写和整理工作的人员还有崔会静、张中耀、赵岩、王兰芳、王玉等，在此表示感谢。

本书提供了案例的素材文件、PSD 源文件以及视频文件，同时还附赠 PPT 课件，扫一扫下面的二维码，推送到自己的邮箱后下载获取。

素材文件 1   素材文件 2   视频文件 1   视频文件 2 及 PPT 课件

由于编者水平有限，书中难免有不足和疏漏之处，敬请广大读者批评和指正。

编　者

目录

C O N T E N T S

第1章

Photoshop与效果图的关系

本章主要介绍 Photoshop 与效果图的关系，效果图的基本概念、后期处理的作用及重要性、效果图中色彩的运用、建筑的地域风格，还介绍了导入图像到 Photoshop 中的基本流程等。

课堂学习目标

◇ 了解什么是建筑效果图
◇ 了解建筑效果图的作用
◇ 了解色彩在效果图中的关键作用
◇ 了解建筑效果图与美术的关系
◇ 了解为什么要对建筑效果图进行后期处理
◇ 掌握设置导入到Photoshop中的文件的方法

1.1　效果图的基本概念

　　效果图是使用各种写实的手法快速表现出来的图像，信息是以图形的形式进行传递的。效果图是通过施工图纸，将建筑物的尺寸真实、直观地表现出来。效果图能直观、生动地表达设计意图，从而使观者能够进一步理解建筑的设计理念与设计思想。

　　传统的建筑设计表现是通过人工手绘图纸，而替代传统手工绘图的是计算机建模渲染而成的建筑设计表现图。相比传统的手绘效果图，计算机效果图更能真实地体现出设计风格和装修艺术。

　　计算机建筑效果图就是为了表现建筑的效果而运用计算机制作的图，计算机建筑效果图又名建筑画，是随着计算机技术的发展而出现的一种新兴的建筑画绘图方式。在各种设计方案的竞标、汇报以及房地产商的广告中，都能找到计算机建筑效果图的身影，它已成为广大设计人员展现自己的作品、吸引业主、获取设计项目的重要手段。

　　效果图也是设计师展示其作品的空间环境、色彩效果与材料质感的一种重要手段。根据设计师的构思，利用准确的透视制图原理和高超的制作技巧，将设计师的设计意图用软件转换成具有立体感的画面，而且还可以用 Photoshop 来添加建筑配景素材，同时能将白天和黑夜的灯光变化很详细地模拟出来。图 1-1 所示为计算机建筑效果图的制作流程——从分析图纸到建模再到后期的处理。

图1-1　计算机建筑效果图的制作流程

1.2　效果图后期处理的作用及重要性

　　通过三维软件输出的效果图往往有许多不尽如人意的地方，例如，图像比较灰暗没有层次，或者没有用于装饰的植物和地形以及人物等素材，又或者是输出的图像没有考虑图像大小，而这些缺憾和问题都可以在后期处理中得到解决。

　　Photoshop 既可以通过带尺寸的平面图纸来制作平面规划效果图，也可以根据图像来进行特殊效果的处理，例如，可以为效果图应用水墨画、油画、旧电影画面等风格的特殊效果。

　　图 1-2 所示为灰暗图像调整前后的对比。

　　使用 Photoshop 制作的室内平面规划图和小区平面规划图如图 1-3 和图 1-4 所示，它们与用 AutoCAD 制作的平面线框图相比，更为直观。

图1-2 灰暗图像调整前后的对比

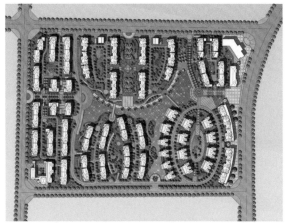

图1-3 室内平面规划图　　　　　　　　　　　　图1-4 小区平面规划图

对于设计师来说，不仅要有高超的建模和渲染能力，还应该有过硬的后期处理能力。如果把效果图的后期处理这个环节把握好了，将会为作品锦上添花，令其更加具有魅力和感染力。Photoshop 在效果图后期处理中的具体应用，大致可分为以下几个方面。

1. 调整图像的色彩和色调

调整图像的色彩和色调，主要是指使用 Photoshop 的"亮度/对比度""色相/饱和度""色彩平衡""色阶""曲线"等色彩调整命令对图像进行调整，以得到画面更加清晰、颜色色调更为协调的图像。

2. 修改效果图的缺陷

当制作的场景过于复杂、灯光较多时，渲染得到的效果图难免会出现一些瑕疵或错误，此时如果再返回 3ds Max 中重新进行调整，既费时又费力。这时可以发挥 Photoshop 的特长，使用修复工具以及颜色调整命令修复模型的缺陷。

3. 添加配景

添加配景就是根据场景的实际情况，添加一些合适的树木、人物、天空等真实的素材。3ds Max 渲染输出的场景单调、生硬，缺少层次和变化，只有为其加入合适的真实世界的配景，效果图才具有生命力和感染力。

4. 制作特殊效果

比如制作光晕、阳光照射效果，制作雨景、雪景等效果，以满足一些特殊效果图的需求。

另外，使用 Photoshop 软件可以轻松调整画面的色调，从而把握画面的协调性，使场景看起来更加真实。巧妙地应用 Photoshop，还可以轻松调整图像的明暗对比度、对造型的细部进行处理，从而创作出令人陶醉的意境，如图 1-5 所示。

图1-5　特殊效果

1.3　效果图中色彩的重要性

没有难看的颜色，只有不和谐的配色。色彩的使用还蕴藏着健康的学问，太强烈的色彩，易使人产生烦躁的感觉，影响人的心理健康。把握一些基本原则后，搭配家庭装饰的用色并不难。室内的装修风格非常多，合理地把握这些风格的大体特征，并时刻了解最新、最流行的装修风格，对于设计师来说是非常有必要的。

1.3.1　常用的色彩搭配

成功的色彩搭配不仅能让画面产生视觉空间感，使作品的主题变得更加鲜明与生动，同时还能使作品更富有视觉冲击力以及温馨的感染力。

色彩的组合方式种类繁多且各具特色，最常见的搭配有同类色、类似色、邻近色、对比色和互补色等。

色环其实就是彩色光谱中的长条形的色彩序列，只是将其首尾连接在一起，由红色连接到另一端的紫色形成。色环通常包括 12 种不同的颜色，如图 1-6 所示。以下是几种色彩搭配所表达的含义：

（1）黑＋白＋灰＝永恒经典；

（2）银蓝＋敦煌橙＝现代＋传统；

（3）蓝＋白＝浪漫温情；

（4）黄＋绿＝新生的喜悦。

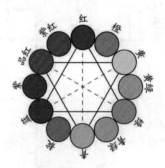

图1-6　色环

1.3.2　色彩心理

色彩心理学家认为，不同颜色对人情绪和心理的影响有所不同。色彩心理是人们对客观世界的主观反映。不同波长的光作用于人的视觉器官而产生色感时，必然导致人产生某种带有情感的心理活动。事实上，色彩生理和色彩心理过程是交叉进行的，它们之间既相互联系又相互影响。在有生理变化时，就会产生一定的心理活动；在有心理活动时，也会产生一定的生理变化。比如，红色能使人生理上脉搏加快，血压升高，心理上具有温暖的感觉。长时间受红光的刺激，会使人在心理上烦躁不安，在生理上欲求相应的绿色来补充平衡。因此，色彩的美感与生理上的满足和心理上的快感有关。

1. 色彩心理与年龄有关

根据实验室心理学的研究，人随着年龄的变化，生理结构会发生变化，色彩所产生的心理影响也会有区别。有人做过统计：儿童大多喜爱鲜艳的颜色。婴儿喜爱红色和黄色，4 ～ 9 岁儿童最喜爱红色，

9岁的儿童喜爱绿色；7～15岁的中小学生中，男生的颜色喜好次序为绿、红、青、黄、白、黑，女生的颜色喜好次序为绿、红、白、青、黄、黑。随着年龄的增长，人们的色彩喜好逐渐向复色过渡，逐渐向黑色靠近。这是因为儿童刚走入大千世界，大脑思维一片空白，神经细胞产生得快，补充得快，对一切都有新鲜感，需要简单的、新鲜的、强烈刺激的色彩。等年纪大了，脑神经记忆库已经被其他刺激占去了位置，色彩感觉相应会变得成熟与柔和。

2. 色彩心理与职业有关

体力劳动者通常喜爱鲜艳色彩，如牧民喜爱极鲜艳的、成补色关系的色彩；脑力劳动者通常喜爱调和色彩，如高级知识分子喜爱复色、淡雅色、黑色等较成熟的色彩。

3. 色彩心理与社会心理有关

由于不同时代的社会制度、意识形态、生活方式不同，人们的审美意识和审美感受也不同。古代认为不和谐的配色，在现代却被认为是新颖的美的配色。反传统的配色，在装饰色彩史上的例子是不胜枚举的。一个时代的色彩审美受社会心理的影响很大，所谓"流行色"就是社会心理的一种产物。时代的潮流，现代科技的新成果，新的艺术流派的产生，甚至是自然界中某种异常现象所引起的社会关注，都可能对色彩心理产生作用。当一些色彩被赋予了时代的象征意义，符合人们的认知、理想、兴趣、爱好、欲望时，那么这些具有特殊感染力的色彩就会流行开来。比如，20世纪60年代初，宇宙飞船上天，开拓了人类宇宙空间的新纪元，这个标志着新的科学时代来临的重大事件曾轰动世界，各国人民都期待着宇航员从太空中带回新的趣闻。色彩研究人员抓住了人们的心理，发布了所谓的"流行宇宙色"，结果在一个时期内流行于全世界。这种宇宙色的特色是浅淡明快的高短调，抽象，无复色。不到一年，世界上开始流行低长调、成熟色，如暗中透亮、几何形的格子花布。但一年后，又开始流行低短调、复色抽象、形象模糊、似是而非的时代色。这就是动态平衡的审美欣赏的循环。

4. 共同的色彩感情

虽然色彩引起的复杂感情是因人而异的，但由于人类生理构造和生活环境等方面存在着共性，因此对大多数人来说，无论是单一色，还是混合色，在色彩的心理方面，存在着共同的色彩感情。根据心理学家的研究，色彩主要有7个方面的特征，即色彩的冷暖、色彩的轻重感、色彩的软硬感、色彩的强弱感、色彩的明快感与忧郁感、色彩的兴奋感与沉静感、色彩的华丽感与朴实感。

正确地应用色彩美学，还有助于改善居住条件。宽敞的居室采用暖色装修，可以避免房间出现空旷感；小房间可以采用冷色装修，在视觉上让人感觉空间大一些。人口少而感到寂寞的家庭居室，配色宜选暖色；人口多而感觉喧闹的家庭居室，配色宜用冷色。同一家庭，在色彩上也有侧重：卧室色调暖些，有利于增进夫妻的感情；书房用淡蓝色装饰，使人能够集中精力学习、研究；餐厅里放置红棕色的餐桌，有利于增进食欲。对不同的气候条件运用不同的色彩，也可以在一定程度上改变环境氛围。在寒冷的北方，室内墙壁、地板、家具、窗帘选用暖色，会有温暖的感觉；反之，南方气候炎热潮湿，采用青色、绿色、蓝色等冷色调装饰居室，感觉上比较清凉。

研究由色彩引起的共同情感，对于装饰色彩的设计和应用具有十分重要的意义。

（1）恰当地使用色彩装饰，能减轻工作疲劳，提高工作效率。

（2）朝北的房间，使用暖色能增加温暖感。

（3）住宅采用明快的配色，能给人以宽敞、舒适的感觉。

（4）娱乐场所采用华丽、兴奋的色彩，能增强欢乐、愉快、热烈的气氛。

（5）学校、医院采用明洁的配色，能为学生、患者创造安静、清洁、卫生、幽静的环境。

1.3.3 风格

由于国家、地域的不同，也会产生丰富的装修风格，这些都是多年积累下来的适合人类居住的风格。不同的风格有不同的特点，不同的风格也要针对不同的人群。下面选择时下热门的几种经典的装修风格，一一说明其特点。

1. 现代简约

现代简约风格崇尚时尚。对于不少年轻人来说，面对着城市的喧嚣和污染，激烈的竞争压力，还有忙碌的工作和紧张的生活，更加向往清新自然、随意轻松的居室环境。越来越多的都市人开始摒弃繁缛豪华的装饰，力求拥有一种自然简约的居室空间。

现代简约以体现时代特征为主，没有过分的装饰，一切从功能出发，讲究造型比例适度、空间结构美观，强调外观的明快、简洁，体现了现代生活快节奏、简约、实用但又富有朝气的生活气息。

2. 新中式风格

新中式风格能勾起怀旧思绪。新中式风格在设计上传承了明清时期家具的理念，将其中经典元素加以提炼并丰富，凝练唯美的中国古典情韵，将数百年的委婉风骨，以崭新的面貌蜕变舒展。以内敛沉稳的风格为源头，同时摒弃原有空间布局中等级、尊卑等封建思想，给传统家居文化注入新的气息，淡化刻板却不失庄重，注重品质但免去了不必要的规则，这些构成了新中式风格的独特魅力。

3. 欧式古典风格

欧式古典风格的特点是尊贵、典雅。作为欧洲文艺复兴时期的产物，欧式古典设计风格集成了巴洛克（Barocco）风格中豪华、动感、多变的视觉效果，也吸取了洛可可（Rococo）风格中唯美、律动的细节元素，受到了社会上层人士的青睐。特别是在古典设计风格中，深沉里显露尊贵、典雅中渗透豪华的设计哲学，成为成功人士享受快乐生活的一种写照。

4. 美式乡村风格

美式乡村风格的特点是回归自然。一路拼搏之后的那份释然，让人们对大自然产生无限向往——回归与眷恋、淳朴与真诚。也正是因为这种对生活的感悟，美式乡村风格摒弃了烦琐与奢华，并将不同风格中的优秀元素汇集融合，以舒适功能为导向，强调回归自然，让生活变得更加轻松、舒适。

5. 地中海风格

地中海风格起源于公元 9 ～ 11 世纪，特指欧洲地中海北岸一线，特别是西班牙、意大利、希腊这些国家南部的沿海地区的居民住宅风格。

地中海风格具有独特的美学特点：一般选择自然的柔和色彩，在设计上注意空间搭配，充分利用每一寸空间，集装饰与应用于一体，在搭配上避免琐碎，显得大方、自然，散发出古老尊贵的田园气息，有较高的文化品位。

6. 东南亚风格

东南亚风格是东南亚民族岛屿特色及精致文化品位相结合的家居设计方式。这是一个居住与休闲相结合的概念，广泛地运用木材和各种天然原材料，如藤条、竹子、石材、青铜和黄铜等。深木色的家具，金色的壁纸，丝绸质感的布料，加上灯光的变化，体现了稳重感及豪华感。

东南亚风格于舒展中有含蓄，妩媚中带有神秘感，兼具平和与激情。把家打造成浓艳绮丽的东南亚风格，所获得的不仅是视觉上的锦绣多彩，更是生活中的曼妙体验。

7. 欧式田园风格

田园风格重在对自然的表现，但不同的田园有不同的自然表现，进而也衍生出多种风格，如中式的、欧式的，甚至还有南亚的田园风格，各有各的特色，各有各的美丽。欧式田园风格主要分英式和法式两种，前者的特色在于华美的布艺以及纯手工的制作，后者的特色是家具的洗白处理及大胆的配色。

8. 混搭风格

混搭风格融合了东西方美学精华元素，将古今文化内涵完美地结合，充分利用空间形式与材料，创造出个性化的家居环境。混搭并不是简单地把各种风格的元素放在一起做加法，而是把它们有主有次地组合在一起。混搭是否成功，关键看是否和谐。最简单的方法是确定家具的主风格，用配饰、家纺等进行搭配。

9. 日式风格

日式风格直接受日本和式建筑影响，讲究空间的流动与分隔，流动则为一个整体空间，分隔则为几个功能空间。在日式风格的空间中，总能让人静静地思考，禅意无穷。

1.4 效果图与美术的关系

判断一名效果图设计师是否具有深厚的美术基础和艺术修养，通过对设计师设计的类似图1-7所示的透视效果图的表现能力进行评估，即可得出明确的答案。

图1-7 室外建筑透视效果图

效果图设计师审美修养的培养，透视效果图表现能力的提高，都有赖于深厚的美术基本功。活跃的思路，快速的表现方法，可以通过大量的效果图速写（见图1-8）得到锻炼。准确的空间造型能力，清晰的空间投影概念，可以通过结构素描（见图1-9）得到解决。丰富敏锐的色彩感觉，可以通过色彩写生（见图1-10）奠定基础。

图1-8 手绘效果图

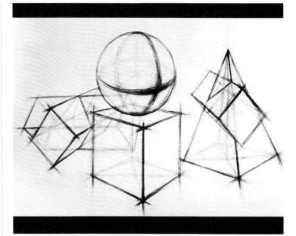

图1-9 素描图

图1-10 油画图

随着设计元素多元化时代的来临，人们对建筑效果图的要求也在不断提高。人们不再有从众心理，而是追求个性化、理想化的作品。设计这样的作品，无疑需要广阔的设计思路和创新理念；否则，设计师终会被行业淘汰。

对于一名成熟的设计师来说，仅仅具备美术基础是远远不够的。室内设计师还要对材料、人体工程学、结构、光学、摄影、历史、地理、民族风情等一些相关知识有所掌握，这样设计出的作品才会有内容、有内涵、有文化。

效果图设计属于实用美术类的范畴。如果设计的成果只存在艺术价值，而忽略其使用功能，那么这个设计就是失败的，同时也失去了效果图设计的意义。

1.5　将渲染的图像导入Photoshop中

　　一幅完整的效果图需要用三维设计软件和平面设计软件共同完成，其中三维软件负责设计建模，平面设计软件负责前期的图纸绘制和后期制作。下面详细讲述将 3ds Max 制作的效果图导入 Photoshop 中的方法。

　　步骤 01 确定效果图的一切工作都在 3ds Max 中完成，接下来将对完成的场景进行渲染。在工具栏中单击 （渲染设置）按钮，打开"渲染设置"面板，如图 1-11 所示。

　　步骤 02 在"公用"选项卡中设置"输出大小"的"宽度"和"高度"分别为 6000 和 4500，如图 1-12 所示。

图1-11　"渲染设置"面板　　　　　　　　图1-12　设置渲染尺寸

　注意 渲染尺寸的大小直接影响最终输出图像的清晰度，因此图像要设置得稍大一些，这样才能保证其清晰度。当然，输出大小是由客户需要的图纸决定的，但这不是问题，因为在后期的 Photoshop 中还会对图像进行调整，这里只需重点记住：图像一般都会比需要的图纸稍大。

　　步骤 03 单击"渲染输出"选项组中的"文件"按钮，在弹出的"渲染输出文件"对话框中选择一个保存路径，设定一个保存类型，单击"保存"按钮即可，如图 1-13 所示。

　注意 在选择文件的保存类型时，最好选用 TIF 格式或 TGA 格式，因为这两种格式可以设置 Alpha 通道。在为图像做后期处理时，特别是处理大背景的室外建筑效果图时，这两种格式有利于背景的提取。

　　步骤 04 弹出保存图像的相关信息，如图 1-14 所示，单击"确定"按钮。
　　步骤 05 可在"渲染输出"选项组中查看存储图像的路径，如图 1-15 所示。

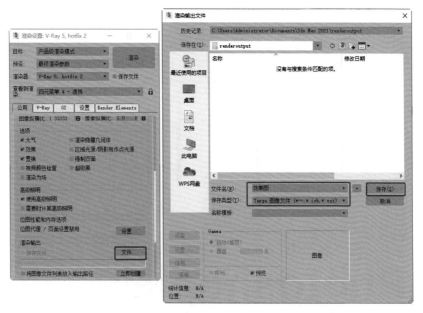

图1-13 存储图像

图1-14 图像控制选项

图1-15 查看图像输出路径

步骤06 各项参数都设置好之后，单击"渲染"按钮，即可对场景效果进行渲染输出。

渲染结束后，退出 3ds Max 软件，启动 Photoshop 软件，按照保存路径打开渲染输出的图像文件，就可以用 Photoshop 软件进行效果图的后期处理了。

1.6 小结

本章主要对效果图的概念、用途、特色等做了初步的说明，并介绍了效果图与色彩和美术的关系，使读者对效果图有了大体的了解，知道了效果图的各种风格。

希望读者通过学习本章内容，对效果图能有一个大致的了解，为进一步学习效果图后期处理打下基础。

第
②
章

Photoshop快速入门

在开始使用 Photoshop 处理效果图之前，先来学习 Photoshop 的界面布局和常用的图层以及图像的相关知识。

课堂学习目标

◇ 了解Photoshop的界面
◇ 了解图像操作的基本概念
◇ 了解像素
◇ 掌握如何提高Photoshop绘图的工作效率
◇ 了解图层
◇ 掌握如何将图像导入Photoshop

2.1 Photoshop界面简介

Photoshop 2022 默认的工作界面为较暗的深色，如图 2-1 所示。如果想要更改界面的颜色，可以在菜单栏中选择"编辑"|"首选项"|"界面"命令，在"首选项"对话框的"外观"选项组中选择合适的颜色方案，本书使用的是最后一种颜色方案，如图 2-2 所示。

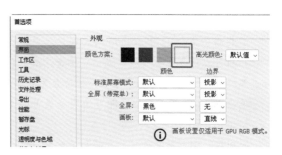

图2-2 选择一种颜色方案

 提示 更改界面颜色的快捷键为 Shift+F1 或 F2，用户可以尝试一下其他的颜色方案，选择适合自己的颜色。

工作界面主要由菜单栏、选项栏、标题栏、工具箱、状态栏、文档窗口以及面板这几大区域组成，如图 2-3 所示。

- 菜单栏：Photoshop 的菜单栏中包含 11 组主菜单，分别是文件、编辑、图像、图层、文字、选择、滤镜、3D、视图、窗口和帮助。单击相应的主菜单，即可将其打开。

图2-1 默认的工作界面

图2-3 Photoshop 2022的工作界面

- 标题栏：在 Photoshop 中打开文件以后，在画布上方会自动出现标题栏。标题栏中会显示该文件的名称、格式、窗口缩放比例以及颜色模式等信息。

- 文档窗口：用来显示打开的图像。
- 工具箱：集合了 Photoshop 的大部分工具。工具箱可以折叠显示或展开显示。单击工具箱顶部的 ⁑ |（折叠）按钮，可以将其折叠为双栏；单击 » |（展开）按钮，即可还原为展开的单栏模式。
- 选项栏：主要用来设置工具的相关参数，不同工具的选项栏也会不同。比如，当选择工具箱中的 ⊕（移动工具）时，其选项栏会显示如图 2-4 所示的内容。

- 状态栏：位于工作界面的最底部，可以显示当前文档大小、文档尺寸、当前工具、窗口缩放比例等信息。单击状态栏中的 › 图标，可以设置要显示的内容，如图 2-5 所示。
- 面板：主要用来配合编辑图像，对操作进行控制以及设置参数等。每个面板的右上角都有一个 ≡ 图标，单击该图标可以打开该面板的菜单。如果需要打开某一个面板，单击菜单栏中的"窗口"主菜单，在展开的下拉菜单中单击相应的选项即可打开该面板，如图 2-6 所示。

图2-4　"移动工具"选项栏

图2-5　显示状态栏信息

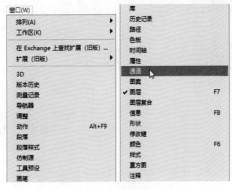

图2-6　"窗口"主菜单

2.1.1　菜单栏

在 Photoshop 中，使用菜单栏可以非常方便地对图像进行编辑，菜单栏如图 2-7 所示。

图2-7　菜单栏

要使用菜单栏中的命令，只需将鼠标指针指向菜单中的某项并单击，此时将显示相应的子菜单。在子菜单中上下移动鼠标进行选择，然后再单击要使用的菜单项，即可选择此命令。图 2-8 所示就是

选择"图层" | "新建"命令后的子菜单。

图2-8 子菜单

了解菜单命令的状态,对于正确使用 Photoshop 是非常重要的,因为状态不同,其使用方法也不同。

1. 子菜单

在 Photoshop 中,某些命令从属于一个大的菜单项,且本身又具有多种变化或操作方法。为了使菜单组织更加有序,Photoshop 采用了子菜单模式,如图 2-8 所示。此类菜单命令的共同点是在其右侧有一个黑色小三角形 ▶。

2. 不可执行的菜单命令

许多菜单命令都需要一定的运行条件,当条件缺乏时,该命令就不能被执行,此时菜单命令会以灰色显示。

3. 带有对话框的菜单命令

在 Photoshop 中,多数菜单命令被执行后都会弹出对话框,用户可以在对话框中进行参数设置,以得到需要的效果。此类菜单命令的共同点是其名称后带有省略号。

2.1.2 工具箱

Photoshop 的工具箱中有很多工具图标,其中有的右下角带有三角形图标,表示这是一个工具组,每个工具组中又包含多个工具。在工具组上右击,即可弹出隐藏的工具。单击工具箱中的某一个工具,即可选择该工具,如图 2-9 所示。

在工具箱中单击 ┉ 按钮,打开"自定义工具栏"对话框,可以将隐藏且常用的工具放置到附加工具栏中(直接在工具栏中拖曳即可),┉ 将变为附加工具图标,如图 2-10 所示。

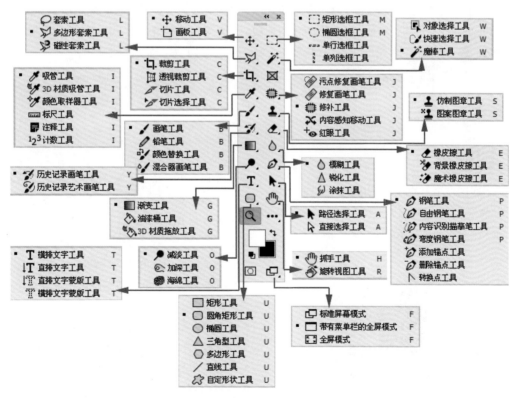

图2-9 工具箱

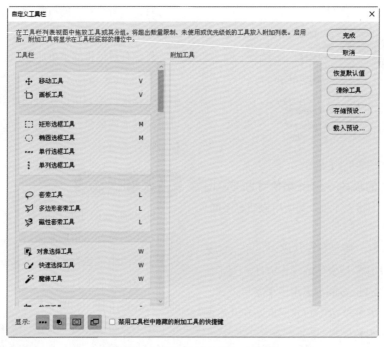

图2-10 "自定义工具栏"对话框

2.1.3 选项栏

Photoshop 的选项栏中提供了控制工具属性的选项，其内容会因所选工具的不同而不同。选择相应的工具后，Photoshop 的选项栏将显示该工具可使用的功能和可进行的编辑操作等。选项栏一般被固定在菜单栏的下方。图 2-11 所示就是在工具箱中单击 □（矩形选框工具）后，显示的选项栏。

图2-11 "矩形选框工具"选项栏

2.1.4 状态栏

状态栏在图像窗口的底部，用来显示当前打开文件的一些信息，如图 2-12 所示。单击三角形图标，打开子菜单，即可显示状态栏包含的所有可显示选项。

状态栏中各选项的含义介绍如下。

- 文档大小：显示当前所编辑图像的文档大小。
- 文档配置文件：显示当前所编辑图像的图像模式，如 RGB 颜色、灰度、CMYK 颜色等。
- 文档尺寸：显示所编辑图像的尺寸大小。
- 测量比例：显示进行测量时的比例。
- 暂存盘大小：显示所编辑图像占用暂存盘的大小情况。
- 效率：显示编辑图像操作的效率。
- 计时：显示编辑图像操作所用的时间。
- 当前工具：显示当前编辑图像使用的工具名称。
- 32 位曝光：编辑图像曝光只在 32 位图像中起作用。

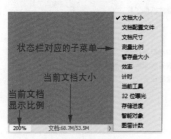

图2-12 状态栏

- 存储进度：用来显示后台存储文件时的时间进度。
- 智能对象：用来显示智能化的丢失信息和已更改的信息。
- 图层计数：用来显示当前文档的图层个数。

2.1.5 面板组

Photoshop 可以将不同类型的面板归类到相对应的组中并将其停靠在右侧。用户在处理图像时，需要哪个面板，单击标签就可以快速找到它而不必再到菜单中打开。在默认状态下，只要从菜单栏中打开"窗口"主菜单，在子菜单中选择相应的面板命令，之后该面板就会出现在面板组中。图 2-13 所示为展开状态下的面板组。

图2-13 面板组

工具箱和面板组默认处于固定状态，只要使用鼠标拖动相应的标题栏到工作区域，就可以将固定状态变为浮动状态。

提示 若工具箱或面板组处于固定状态时关闭，再次打开 Photoshop 后工具箱或面板组仍然处于固定状态；若工具箱或面板组处于浮动状态时关闭，再次打开 Photoshop 后，工具箱或面板组仍然处于浮动状态。

2.1.6 文档窗口

文档窗口是 Photoshop 绘制和编辑图像的主要操作区域，用于显示用户正在处理的文件。在文档窗口的标题栏中，除了显示当前图像的名称外，还显示图像的显示比例、色彩模式等信息。可以将文档窗口设置为选项卡式，并且在某些情况下可以进行分组和停放。

2.2 图像操作的相关概念

在开始学习效果图处理技法之前，应先了解一些有关图像方面的专业知识，这将有利于处理图像。本节将介绍一些最基本的与图像相关的概念。

2.2.1 图像类型

图像文件可分为两大类：一类为位图图像，一类为矢量图像。了解并掌握这两类图像的差异，对于创建、编辑和导入图像有很大帮助。

1. 位图

位图图像，也称点阵图像或绘制图像，是由称作像素（图片元素）的单个点组成的。这些点通过不同的排列和染色，可以构成图样。当放大位图时，可以看见构成整个图像的无数个方块。扩大位图尺寸的原理是增大单个像素，从而使线条和形状显得参差不齐。然而，如果从稍远的位置观看，位图图像的颜色和形状又是连续的。常用的位图处理软件是 Photoshop。

将一幅位图图像放大显示时，其效果如图 2-14 所示。可以看出，图像的边缘产生了明显的锯齿状。

图2-14 位图

2. 矢量图

矢量图也叫面向对象绘图，是用数学方式描述的曲线及曲线围成的色块制作的图形。它在计算机内部表示成一系列的数值而不是像素点，这些值决定了图形如何在屏幕上显示。用户所做的每一个图形、打印的每一个字母都是一个对象，每个对象都有决定其外形的路径，对象之间相互独立，因此用户可以自由地改变对象的位置、形状、大小和颜色。同时，由于这种保存图形信息的方法与分辨率无关，因此无论如何放大或缩小，都有相同平滑的边缘，相同的视觉细节和清晰度。

矢量图像尤其适用于标志设计、图案设计、文字设计、版式设计等，它所生成的文件也要比位图文件小。基于矢量绘画的软件有 CorelDRAW、Illustrator 等。

将一幅矢量图形放大显示时，其效果如图 2-15 所示。可以看到，将矢量图像放大后，边缘并没有产生锯齿效果。

图2-15　矢量图

提示 如果希望位图图像放大后边缘保持光滑，就必须增加图像的像素数目，此时图像占用的磁盘空间就会加大。在 Photoshop 中，除了路径外，遇到的图形均为位图图像。

注意 对矢量图像进行任意缩放都不会影响分辨率，但它的缺点是不能表现色彩丰富的自然景观与色调丰富的图像。

由此可以看出，位图与矢量图最大的区别在于：基于矢量图的软件原创性比较大，主要长处在于原始创作；而基于位图的处理软件后期处理功能比较强，主要长处在于图片的处理。比较矢量图和位图的差别可以看到，放大的矢量图的边和原图一样是光滑的，而放大的位图的边就呈锯齿状。

但是不能说基于位图处理的软件就只能处理位图；相反，基于矢量图处理的软件只能处理矢量图。例如，CorelDRAW 虽然是基于矢量的程序，但它不仅可以导入（或导出）矢量图像，甚至还可以利用 CorelTrace 将位图转换为矢量图，也可以将通过 CorelDRAW 创建的图像转换为位图并导出。

2.2.2 图像格式

图像格式就是存储图像数据的方式，它决定了图像的压缩方法、支持何种功能以及文件是否相兼容等属性。下面介绍一些常见的图像格式。

- PSD：该格式是 Photoshop 的默认存储格式，能够保存图层、蒙版、通道、路径、未栅格化的文字、图层样式等。在一般情况下，保存文件都采用这种格式，以便随时进行修改。PSD 格式应用非常广泛，可以直接将这种格式的文件置入 Illustrator、InDesign、Premiere 等 Adobe 公司的软件中。

- PSB：该格式是一种大型文档格式，可以支持最高达 30 万像素的超大图像文件。它支持 Photoshop 的所有功能，可以保存图像的通道、图层样式和滤镜效果不变，但是只能在 Photoshop 中打开。

- BMP：该格式是微软开发的固有格式，这种格式被大多数软件支持。此格式采用了一种称为 RLE 的无损压缩方式，对图像质量不会产生影响。BMP 格式主要用于保存位图图像，支持 RGB、位图、灰度和索引颜色模式，但是不支持 Alpha 通道。

- GIF：该格式是输出图像到网页时最常用的格式，采用 LZW 压缩，支持透明背景和动画，被广泛应用在网络中。

- DICOM：该格式通常用于传输和保存医学图像，如超声波和扫描图像。此种文件格式包含图像数据和标头，其中存储了有关医学图像的信息。

- EPS：该格式是为 PostScript 打印机输出图像而开发的文件格式，是处理图像工作中最重要的格式，被广泛应用在 Mac 和 PC 环境下的图形设计与版面设计中，几乎所有图像、图表和页面排版程序都支持这种格式。

- IFF：该格式由 Commodore 公司开发，由于该公司已退出了计算机市场，因此 IFF 格式也逐渐被废弃。

- JPEG：该格式是最常用的一种图像格式。它是一种最有效、最基本的有损压缩格式，被绝大多数的图形处理软件所支持。

- DCS：该格式是 Quark 开发的 EPS 格式的变种，主要在支持这种格式的 QuarkXPress、PageMaker 和其他应用软件中工作。DCS 格式便于分色打印，Photoshop 在使用 DCS 格式时，必须转换成 CMYK 颜色模式。

- PCX：该格式是 DOS 系统下的古老程序 PC PaintBrush 固有格式，目前并不常用。

- PDF：该格式是由 Adobe Systems 创建的一种文件格式，允许在屏幕上查看电子文档。PDF 文件还可被嵌入 Web 的 HTML 文档中。

- RAW：该格式是一种灵活的文件格式，主要用于在应用程序与计算机平台之间传输图像。RAW 格式支持具有 Alpha 通道的 CMYK、RGB 和灰度模式以及无 Alpha 通道的多通道、Lab、索引和双色调模式。

- PXR：该格式是专为高端图像应用程序设计的文件格式，它支持具有单个 Alpha 通道的 RGB 图像和灰度图像。

- PNG：该格式是专为 Web 开发的一种将图像压缩到 Web 上的文件格式。与 GIF 格式不同的是，PNG 格式支持 24 位图像并产生无锯齿的透明背景。PNG 格式由于可以实现无损压缩，并且可以存储透明区域，因此常用来存储透明背景的素材。

- SCT：该格式支持灰度图像、RGB 图像和 CMYK 图像，但是不支持 Alpha 通道，主要用于 Scitex 计算机上的高端图像处理。

- TGA：该格式支持一个单独 Alpha 通道的 32 位 RGB 文件以及无 Alpha 通道的索引、灰度模式，并且支持 16 位和 24 位的 RGB 文件。

- TIFF：该格式是一种通用的文件格式，被所有绘画、图像编辑和排版程序支持，而且几乎所有桌面扫描仪都可以产生 TIFF 图像。TIFF 格式支持具有 Alpha 通道的 CMYK、RGB、Lab、索引颜色和灰度图像以及没有 Alpha 通道的位图图像。Photoshop 可以在 TIFF 文件中存储图层和通道，但如果在其他的应用程序中打开该文件，那么只有拼合图像才是可见的。

- PBM（便携位图格式）：支持单色位图（即 1 位 / 像素），可用于无损数据传输。因为许多应用程序都支持这种格式，所以可以在简单的文本编辑器中编辑或创建这类文件。

2.2.3 像素

像素是由图像和元素两个词复合而来，是用来表示数码影像的单位。可以将一幅图像看成是由无数个点组成的，其中，组成图像的一个点就是一个像素。像素是构成图像的最小单位，它的形态是一个小方块。如果把位图图像放大数倍，会发现这些连续的色调其实是由许多色彩相近的小方块组成的，而这些小方块就是构成位图图像的最小单位"像素"。越高位的像素，其拥有的色板就越丰富，表达的颜色真实感也就越强。

2.2.4 分辨率

分辨率决定了位图图像细节的精细程度。通常情况下，图像的分辨率越高，所包含的像素就越多，图像就越清晰，印刷的质量也就越好。同时，它也会增加文件占用的存储空间。图 2-16 和图 2-17 所示为原图和将位图放大数倍显示的像素点状态。

图2-16　100%显示图像

图2-17　放大后的图像

提示 在 Photoshop 中，如果图像分辨率比显示器图像分辨率高，那么图像在屏幕上显示的尺寸比它的实际打印尺寸要大。

技巧 计算机在处理分辨率较高的图像时，速度会变慢；另外，在存储图像或者网上传输图像时，会消耗大量的磁盘空间和传输时间，所以在设置图像时，最好根据用途改变图像分辨率。在更改分辨率时，要考虑图像的显示效果和传输速度。

图像分辨率直接影响图像的最终效果。图像在打印与输出之前，都是在计算机屏幕上操作的；在打印与输出时，则应根据用途而有不同的设置要求。分辨率有很多种，经常接触到的分辨率概念有以下几种。

1. 屏幕分辨率

屏幕分辨率是指计算机屏幕上的显示精度，是由显卡和显示器共同决定的，一般以水平方向与垂直方向像素的数值来反映。例如，1024 像素 ×768 像素表示水平方向的像素值是 1024 像素，而垂直方向的像素值是 768 像素。

2. 打印分辨率

打印分辨率又称打印精度，是由打印机的品质决定的。一般以打印出来的图纸上单位长度中墨点的多少来反映，以水平方向和垂直方向来表示，单位为 dpi（像素 / 英寸）。打印分辨率越高，意味着打印的喷墨点越精细，表现在打印出的图纸上是直线更清晰，斜线的锯齿更小，色彩也更加流畅。

3. 图像的输出分辨率

图像的输出分辨率是与打印分辨率、屏幕分辨率无关的另一个概念，它与一个图像自身所包含的像素数量、图像文件的数据尺寸，以及要求输出的图幅大小有关，一般以水平方向或垂直方向上单位长度中的像素数值来反映，单位为 ppi 或 ppc，如 500ppi、75ppc 等。图像的输出分辨率计算公式为：输出分辨率图幅大小的宽和高数据尺寸对应输出大小的宽和高。由此可见，随着输出分辨率的提高，图像文件的数据尺寸也会相应增大，这给计算机中的运算和文件存储增加了负担。因此，应当选择合适的输出分辨率，而不是输出分辨率越高越好。

2.2.5　图层

Photoshop 中的图层相当于绘图时使用的重叠

的图纸。可以将合成后的图像分别放置到不同的图层中，在处理相应图层中的图像时不会影响其他图层中的图像。图 2-18 所示为隐藏 LOGO 图层的图像，此时会发现下面图层中的图像没有被隐藏。

这种分层作图的工作方式会极大提高后期修改的便利性，也最大可能地避免了重复劳动。因此，将图像分图层制作是明智的。

图2-18　隐藏图层

地 Photoshop 中还可以对选中的图层进行不同的编辑操作，利用图层的重叠得到一些不同的特殊效果。因为图层是很重要的一个知识点，所以还将在后面小节中详细介绍。

2.2.6　路径

在 Photoshop 中使用钢笔工具可以绘制精确的矢量图像，还可以通过创建的路径对图像进行选取，转换成选区后即可对选择区域进行编辑或创建蒙版。通过"路径"面板，可以对创建的路径进行进一步的编辑，如图 2-19 所示。

- ●（用前景色填充路径）按钮：确定当前创建有路径，单击该按钮，可以用前景色填充路径。
- ○（用画笔描边路径）按钮：确定当前创建有路径，单击该按钮，可以为当前路径创建描边，描边使用前景色。
- ○（将路径作为选区载入）按钮：单击该按钮，可以将当前绘制的路径载入为选区。
- ◇（从选区生成工作路径）按钮：单击该按钮，可以将选区转换为路径。

图2-19　"路径"面板

- ▫（添加矢量蒙版）按钮：该按钮与"图层"面板中的添加矢量蒙版按钮功能相同，都是为选区添加一个蒙版层。
- ▫（创建新路径）按钮：单击该按钮，可以创建新的路径层。
- 🗑（删除当前路径）按钮：选择一个路径层，单击该按钮，即可删除当前的路径层。

通常情况下，路径需要使用路径工具来进行绘制和编辑。下面介绍工具箱中的路径绘制和编辑工具。

- ✍ （钢笔工具）按钮：以锚点方式创建区域路径，主要用于绘制矢量图像和选取对象。
- ✍ （自由钢笔工具）按钮：用于绘制比较随意的图像。
- ✍ （添加锚点工具）按钮：将鼠标指针放在路径上，单击即可添加一个锚点。
- ✍ （删除锚点工具）按钮：删除路径上已经创建的锚点。
- ⌖ （转换点工具）按钮：用来转换锚点的类型（角点或平滑点）。
- ⌖ （路径选择工具）按钮：在窗口中使用该工具可以直接选中整个路径，并显示路径锚点，可以移动，但不可以编辑路径。

- ⌖ （直接选择工具）按钮：使用该工具可以选中路径，并且选中路径中的锚点，对锚点进行编辑，如调整锚点的曲线控制手柄可以移动锚点。

2.2.7 通道

Photoshop 因颜色模式的不同而产生不同的通道。在通道中显示的图像只有黑、白两种颜色。"Alpha 通道"是计算机图形学中的术语，指的是特别的通道。通道中，白色部分会在图层中创建选区，黑色部分是选区以外的部分，而灰色部分是由黑、白两色的过渡产生的选区，有羽化效果。在图层中创建的选区可以储存到通道中。图 2-20 ～图 2-22 所示分别为同一张图像在 RGB 颜色模式、CMYK 颜色模式和 Lab 颜色模式下的通道。

图2-20　RGB通道

图2-21　CMYK通道

图2-22　Lab通道

2.2.8 蒙版

Photoshop 中的蒙版可以对图像的某个区域进行保护，在运用蒙版处理图像时，图像不会被破坏。使用蒙版时，一般是结合通道来制作蒙版的。在快速蒙版状态下可以通过画笔工具、橡皮擦工具或选区工具来增加或减少蒙版范围。图层蒙版可以将该图层中的局部区域进行隐藏，但不会破坏图层中的图像，如图 2-23 所示。

在 Photoshop 中，蒙版的作用就是用来遮盖图像，这一点从蒙版的概念也能体现出来。与 Alpha 通道相同的是，蒙版也使用黑、白、灰来标记。系统默认状态下，黑色区域用来遮盖图像，白色区域用来显示图像，而灰色区域则表现出图像若隐若现的效果。

图2-23　沙发的蒙版

除了快速蒙版之外，Photoshop 软件中还有一种图层蒙版，可以控制当前图层中的不同区域如何被隐藏或显示。通过添加图层蒙版，可以制作各种特殊效果，而不会影响该图层上的像素，如图 2-24 所示。

在图层蒙版中，白色部分对应的图像内容完全显示，黑色部分对应的图像内容完全隐藏，中间灰度对应的图像内容产生相应的透明效果。另外，图像的背景层是不可以添加图层蒙版的。

图2-24　图层蒙版

2.3　提高Photoshop绘图的工作效率

下面通过一些设置来提高 Photoshop 绘图的工作效率。

2.3.1　优化工作界面

打开 Photoshop 界面，首先看到的是文档窗口和一些标准的工具、面板、命令等，如图 2-25 所示。

把一些不需要的面板拖曳出来，将其关闭，并将一些常用的面板放置到一列中，如图 2-26 所示，这样可以减少其占用的制图空间。

图2-25　启动的Photoshop界面

图2-26　拖曳出面板

提示　如果以后需要打开已经关闭的面板，选择"窗口"菜单中对应的命令即可。

如果一次性打开了多个文件，可以选择菜单栏中的"窗口"|"排列"命令，在弹出的子菜单中根据

情况选择文件排列样式，如图 2-27 所示。排列后的窗口如图 2-28 所示。

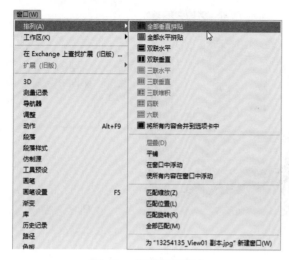

图2-27　"排列"子菜单

图2-28　排列后的窗口

另一个优化工作界面的方法就是使用工具箱中的屏幕模式。

- ▢（标准屏幕模式）：该模式可以显示菜单栏、标题栏、滚动条和其他屏幕元素。
- ▢（带有菜单栏的全屏模式）：该模式可以显示菜单栏、50% 的灰色背景和滚动条的全屏窗口（无标题栏）。
- ▣（全屏模式）：该模式只显示黑色背景和图像窗口。如果要退出全屏模式，可以按 Esc 键；如果按 Tab 键，将切换到带有面板的全屏模式。这种模式是最简洁的，掌握各种命令和工具的快捷键后可以灵活运用。

2.3.2　文件的快速切换

在 Photoshop 中如果打开有多个文件，打开的这些文件将只排列到一个窗口中，如图 2-29 所示。在这种情况下，要想切换到其他的文件，可以单击文档窗口右上角的扩展箭头，在弹出的文件列表中选择文件即可，如图 2-30 所示。

图2-29　打开的多个文件

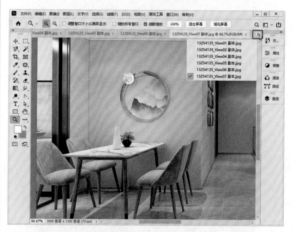

图2-30　切换文件的菜单

切换文档的快捷键为 Ctrl+Tab。

2.3.3　其他优化设置

下面介绍如何设置缓存、历史记录等首选项。

在菜单栏中选择"编辑"|"首选项"命令，在弹出的"首选项"对话框中设置暂存盘，例如选择 F、G 两个盘符，这样可以避免因为一个暂存盘空间不够而停止工作，如图 2-31 所示。

图2-31　设置暂存盘

选择"文件处理"选项，在右侧的面板中可以设置自动存储恢复信息的间隔和近期文件列表包含多少个文件，从中可以设置自己需要的恢复、存储时间和打开文件中的最近文件个数，如图2-32所示。

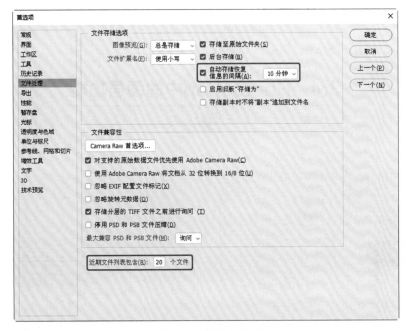

图2-32　设置文件处理

选择"工具"选项，在右侧的面板中选中"用滚轮缩放"复选框，这样就可以不用切换到放大镜工具和输入数据来调整窗口的大小，而直接用滚轴来调整缩放即可，如图2-33所示。

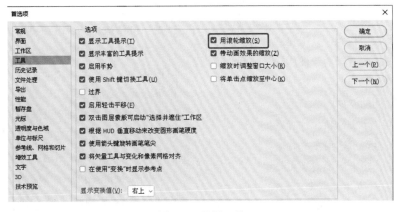

图2-33　设置工具

选择"工作区"选项，在右侧的面板中选中"自动折叠图标面板"复选框，这样在不使用面板的时候将自动折叠起来，方便处理图像，如图2-34所示。

图2-34　设置工作区

可以看一下其他的首选项设置，根据自己的情况来设置一个方便的首选项模式。

2.4　Photoshop中的图层功能

对图层进行处理可以说是Photoshop中最为频繁的操作。建立图层后，在各个图层中分别编辑图像中的元素，可以产生既富有层次感，又彼此关联的图像效果。因此在编辑图像时，图层是必不可少的。

2.4.1　图层概述

每一个图层都是由许多像素组成的，而图层又通过上下叠加的方式来组成整个图像。打个比喻，每一个图层都好似一块透明的"玻璃"，而图层内容就画在这些"玻璃"上，如果"玻璃"什么都没有，就是一个完全透明的空图层；当各"玻璃"都有图像时，自上而下俯视所有图层，即形成图像显示效果。对图层的编辑可以通过菜单或面板来完成。图层可在"图层"面板中找到，其中包含当前图层、文字图层、背景图层、智能对象图层等。选择"窗口"|"图层"命令，即可打开"图层"面板。"图层"面板中所包含的功能如图2-35所示。

- 图层弹出菜单：单击此按钮，可弹出"图层"面板的编辑菜单，用于图层中的编辑操作。
- 快速显示图层：用来对多图层文档中的特定图层进行快速显示。在下拉列表中包含"类型""名称""效果""模式""属性"和"颜色"选

项。当选择某个选项时，在右侧会出现与之相对应的功能，例如选择"类型"时，在右侧会出现显示调整图层内容、显示文字图层、显示路径等图标。

图2-35　"图层"面板

- 开启与锁定快速显示图层：单击，滑块到上面时，激活快速显示图层功能；滑块到下面时，关闭此功能，使面板恢复老版本"图层"面板的状态。
- 混合模式：用来设置当前图层中的图像与下面图层中的图像的混合效果。
- 不透明度：用来设置当前图层的透明程度。
- 锁定：包含锁定透明像素、锁定图像像素、锁定位置和锁定全部等功能。
- 图层的显示与隐藏：单击眼睛图标，即可将图层在显示与隐藏状态之间转换。

- ∞（链接图层）按钮：可以将选中的多个图层进行链接。
- fx（添加图层样式）按钮：单击此按钮，弹出"图层样式"下拉列表，在其中可以添加相应的样式到图层中。
- ▢（添加图层蒙版）按钮：单击此按钮，可为当前图层创建一个蒙版。
- ◑（创建新的填充或调整图层）按钮：单击此按钮，可以选择相应的填充或调整命令，之后在"调整"面板中进行进一步的编辑。
- ▢（创建新组）按钮：单击此按钮，会在"图层"面板中新建一个用于放置图层的组。
- ▣（创建新图层）按钮：单击此按钮，会在"图层"面板中新建一个空白图层。
- 🗑（删除图层）按钮：单击此按钮，可以将当前图层从"图层"面板中删除。

2.4.2 图层的混合模式

图层混合模式通过将当前图层中的像素与下面图层中的像素相混合从而产生奇幻效果。当"图层"面板中存在两个以上的图层时，在上面图层设置"混合模式"后，会在工作窗口中看到使用该模式的效果。

在具体讲解图层混合模式之前，先介绍三种色彩概念。

- 基色：指的是图像中原有的颜色，也就是使用混合模式选项的两个图层中下面的那个图层的颜色。
- 混合色：指的是通过绘画或编辑工具使用的颜色，也就是使用混合模式选项的两个图层中上面的那个图层的颜色。
- 结果色：指的是应用混合模式后的色彩。

打开两张图像，将其中一张图像使用✛（选择并移动工具）拖曳至另一个图像文件中，此时在"图层"面板两个图层中的图像分别是上面的图层图像，如图 2-36 所示；还有下面的图层图像，如图 2-37 所示。

在"图层"面板中单击图层混合模式下拉列表框，会弹出如图 2-38 所示的模式下拉列表。其中各选项的含义介绍如下。

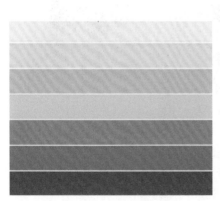
图2-36　上面的图层图像

图2-37　下面的图层图像

图2-38　图层混合模式列表

- 正常：系统默认的混合模式，混合色的显示与不透明度的设置有关。当"不透明度"为 100% 时，上面图层中的图像区域会覆盖下面图层中该部位的区域，只有当"不透明度"小于 100% 时才能实现简单的图层混合。图 2-39 所示为"不透明度"等于 50% 的显示效果。

图2-39　"正常"混合模式的效果

- 溶解：当"不透明度"为100%时，该选项不起作用。只有当"不透明度"小于100%时，"结果色"由"基色"或"混合色"的像素随机替换，如图2-40所示。

图2-40　"溶解"混合模式的效果

- 变暗：选择"基色"或"混合色"中较暗的颜色作为"结果色"。比"混合色"亮的像素被替换，比"混合色"暗的像素保持不变。"变暗"混合模式将导致比背景颜色淡的颜色从"结果色"中被去掉。图2-41所示为"不透明度"等于50%的效果。

- 正片叠底：将"基色"与"混合色"复合，"结果色"总是较暗的颜色。任何颜色与黑色复合产生黑色，任何颜色与白色复合保持不变。这种混合模式的效果如图2-42所示。

- 颜色加深：通过增加对比度使"基色"变暗以反映"混合色"，如果与白色混合将不产生变化。"颜色加深"混合模式创建的效果和"正片叠底"混合模式创建的效果类似，如图2-43所示。

图2-41　"变暗"混合模式的效果

图2-42　"正片叠底"混合模式的效果

图2-43　"颜色加深"混合模式的效果

- 线性加深：通过减小亮度使"基色"变暗以反映"混合色"。如果"混合色"与"基色"中的白色混合，将不会产生变化。这种混合模式的效果如图2-44所示。

- 深色：两个图层混合后，通过"混合色"中较亮的区域被"基色"替换来显示"结果色"，如图2-45所示。

图2-44 "线性加深"混合模式的效果

图2-45 "深色"混合模式的效果

- 变亮：选择"基色"或"混合色"中较亮的颜色作为"结果色"。比"混合色"暗的像素被替换，比"混合色"亮的像素保持不变。在这种与"变暗"相反的混合模式下，较淡的颜色区域在最终的"结果色"中占主要地位。较暗区域并不出现在最终的"结果色"中，如图2-46所示。

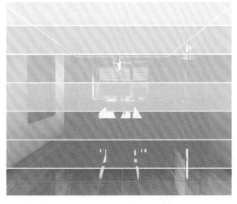

图2-46 "变亮"混合模式的效果

- 滤色："滤色"混合模式与"正片叠底"混合模式正好相反，它将图像的"基色"与"混合色"结合，产生比两种颜色都浅的第三种颜色，如图2-47所示。

图2-47 "滤色"混合模式的效果

- 颜色减淡：通过减小对比度使"基色"变亮以反映"混合色"，与黑色混合则不发生变化。应用"颜色减淡"混合模式时，"基色"上的暗区域都将消失，如图2-48所示。

图2-48 "颜色减淡"混合模式的效果

- 线性减淡：通过增加亮度使"基色"变亮以反映"混合色"，与黑色混合时不发生变化，如图2-49所示。

图2-49 "线性减淡"混合模式的效果

● 浅色：两个图层混合后，通过"混合色"中较暗的区域被"基色"替换来显示"结果色"，效果与"变亮"混合模式类似，如图 2-50 所示。

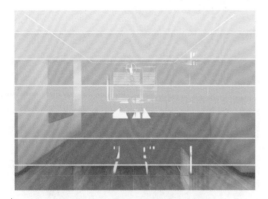

图2-50 "浅色"混合模式的效果

● 叠加：把图像的"基色"与"混合色"相混合，产生一种中间色。"基色"比"混合色"暗的颜色会加深，比"混合色"亮的颜色将被遮盖，而图像内的高亮部分和阴影部分保持不变，因此对黑色或白色像素着色时，"叠加"混合模式不起作用，如图 2-51 所示。

图2-51 "叠加"混合模式的效果

● 柔光：可以产生一种柔光照射的效果。如果"混合色"比"基色"的像素亮，那么"结果色"颜色将更亮；如果"混合色"比"基色"的像素暗，那么"结果色"颜色将更暗，使图像的亮度反差增大，如图 2-52 所示。

● 强光：可以产生一种强光照射的效果。如果"混合色"比"基色"的像素亮，那么"结果色"颜色将更亮；如果"混合色"比"基色"的像素暗，那么"结果色"颜色将更暗。除了根据背景中的颜色而使背景色是多重的或屏蔽的之

外，这种混合模式实质上同"柔光"混合模式是一样的。它的效果要比"柔光"混合模式更强烈，如图 2-53 所示。

图2-52 "柔光"混合模式的效果

图2-53 "强光"混合模式的效果

● 亮光：通过增加或减少对比度来加深或减淡颜色，具体取决于"混合色"。如果"混合色"（光源）比 50% 灰色亮，就通过减少对比度使图像变亮；如果"混合色"比 50% 灰色暗，则通过增加对比度使图像变暗，如图 2-54 所示。

图2-54 "亮光"混合模式的效果

● 线性光：通过增加或减少亮度来加深或减淡颜

色，具体取决于"混合色"。如果"混合色"（光源）比50%灰色亮，就通过增加亮度使图像变亮；如果"混合色"比50%灰色暗，则通过减少亮度使图像变暗，如图2-55所示。

图2-55　"线性光"混合模式的效果

- 点光：主要就是替换颜色，具体取决于"混合色"。如果"混合色"（光源）比50%灰色亮，就替换比"混合色"暗的像素，而不改变比"混合色"亮的像素；如果"混合色"比50%灰色暗，则替换比"混合色"亮的像素，而不改变比"混合色"暗的像素。这对于向图像添加特殊效果非常有用，如图2-56所示。

图2-56　"点光"混合模式的效果

- 实色混合：即"基色"与"混合色"相加产生混合后的"结果色"，该混合模式能够产生颜色较少、边缘较硬的图像效果，如图2-57所示。
- 差值：将图像中"基色"的亮度值减去"混合色"的亮度值，如果结果为负，则取正值，产生反相效果。由于黑色的亮度值为0，白色的亮度值为255，因此用黑色着色不会产生任何影响，用白色混合覆盖着色的区域则产生与原始图像

颜色的反相效果。"差值"混合模式可创建与背景颜色相反的色彩，如图2-58所示。

图2-57　"实色混合"混合模式的效果

图2-58　"差值"混合模式的效果

- 排除："排除"混合模式与"差值"混合模式相似，但是具有高对比度和低饱和度的特点。它比用"差值"混合模式获得的颜色更柔和、更明亮，其中与白色混合将反转"基色"值，而与黑色混合则不发生变化，如图2-59所示。

图2-59　"排除"混合模式的效果

● 减去：使用"基色"与"混合色"中两个像素绝对值相减的值，其效果如图2-60所示。

图2-60 "减去"混合模式的效果

● 划分：使用"基色"与"混合色"中两个像素绝对值相加的值，其效果如图2-61所示。

图2-61 "划分"混合模式的效果

● 色相：用"混合色"的色相值进行着色，但饱和度和亮度值保持不变。当"基色"与"混合色"的色相值不同时，才能使用混合模式颜色进行着色，如图2-62所示。

图2-62 "色相"混合模式的效果

● 饱和度："饱和度"混合模式的作用方式与"色相"混合模式相似，它只用"混合色"的饱和度值进行着色，而色相值和亮度值保持不变。当"基色"与"混合色"的饱和度值不同时，才能使用描绘颜色进行着色处理，如图2-63所示。

图2-63 "饱和度"混合模式的效果

● 颜色：使用"混合色"的饱和度值和色相值同时着色，但"基色"的亮度值保持不变。"颜色"混合模式可以看成是"饱和度"混合模式和"色相"混合模式的综合效果。该混合模式能够使灰色图像的阴影或轮廓透过着色的颜色显示出来，产生某种色彩效果。它可以保留图像中的灰度，并且对于单色图像着色和彩色图像着色都非常有用，如图2-64所示。

图2-64 "颜色"混合模式的效果

● 明度：使用"混合色"的亮度值进行着色，而保持"基色"的饱和度和色相数值不变。其实就是用"基色"中的色相和饱和度以及"混合色"的亮度创建"结果色"。此模式创建的效果与"颜色"混合模式相反，如图2-65所示。

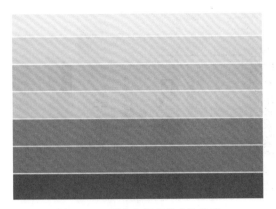

图2-65 "明度"混合模式的效果

2.4.3 图层的属性

选择菜单栏中的"图层"|"重命名图层"命令，或者在需要更改图层的名称上双击，可以更改图层的名称，如图 2-66 所示。在图层上右击，在弹出的快捷菜单中选择合适的颜色，可以更改图层的显示颜色。图 2-67 所示为设置显示颜色为红色。同样，在快捷菜单中还可以选择命令进行合并图层、快速导出等操作。

图2-66 命名图层　　图2-67 设置图层的颜色

2.4.4 图层的操作

下面介绍图层的基本操作。

1. 新增图层

新增图层指的是在原有图层或图像上新建一个参与编辑的图层。在"图层"面板中新增图层的方法可分为三种：第一种是新建空白图层；第二种是通过当前文档中的"图层"面板直接复制来得到图层拷贝；第三种是将其他文档中的图像复制过来而得到的图层。创建新图层的具体操作方法如下。

- 在"图层"面板中直接单击 □（创建新图层）按钮，就会新建一个图层，如图 2-68 所示。

图2-68 直接创建图层

- 在"图层"面板中拖动当前图层到 □（创建新图层）按钮上，即可得到该图层的拷贝，如图 2-69 所示。

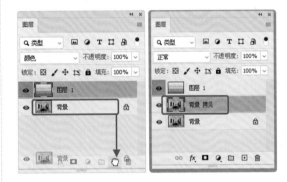

图2-69 拖动复制图层

- 使用 ⊕（移动工具）拖动图像或选区内的图像到另一个文档中，会新建一个图层。

2. 使用菜单新增图层

1）新建图层的操作

选择菜单栏中的"图层"|"新建"|"图层"命令或按 Shift+Ctrl+N 快捷键，可以弹出如图 2-70 所示的"新建图层"对话框。在该对话框中可以设置图层的名称、颜色、模式、不透明度等属性。

图2-70 "新建图层"对话框

2）直接复制图层

选择菜单栏中的"图层"|"复制图层"命令，可以弹出如图 2-71 所示的"复制图层"对话框。在该对话框中可以重命名复制图层的名称和目标文档。

图2-71　"复制图层"对话框

提示 选择菜单栏中的"图层"|"新建"|"通过复制的图层"命令或按 Ctrl+J 快捷键，可以快速复制当前图层中的图像到新图层中。

3. 显示与隐藏图层

显示与隐藏图层可以将被选择图层中的图像在文档中进行显示与隐藏。在"图层"面板中单击 👁 图标，即可将图层在显示与隐藏状态之间切换。

4. 选择图层并移动图像

在"图层"面板中的图层上单击，即可选择该图层并将其转变为当前工作图层。单击"图层"面板中的"图层 1"图层，再使用 ⊕（移动工具）拖动，即可移动"图层 1"图层中的图像，如图 2-72 所示。

技巧 按住 Ctrl 键或 Shift 键在"图层"面板中单击不同的图层，可以选择多个不连续或连续的图层。

图2-72　选择图层后移动"图层1"图层中的图像

选择工具箱中的 ⊕（移动工具），在选项栏中设置"自动选择"功能后，在图像上单击，即可将该图像对应的图层选中。

5. 调整图层顺序

更改图层堆叠顺序指的是在"图层"面板中更改图层之间的上下顺序。更改的方法如下：选择菜单栏中的"图层"|"排列"命令，在弹出的子菜单中选择相应命令，就可以对图层的顺序进行调整。

在"图层"面板中拖动当前图层到该图层的上面图层以上或下面图层以下的缝隙处，此时鼠标指针会变成小手形状，释放鼠标即可更改图层顺序，如图 2-73 所示。

6. 链接图层

链接图层可以将两个以上的图层链接到一起，被链接的图层可以被一同移动或变换。链接方法如下：打开"图层"面板，按住 Ctrl 键在要链接的图层上单击，将图层选中后，单击"图层"面板底部的"链接图层"按钮，就会在链接图层中出现链接符号，如图 2-74 所示。

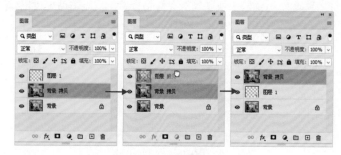

图2-73　调整图层顺序

图2-74　链接图层

7. 锁定图层

在"图层"面板中选择相应图层后，单击该面板中的锁定按钮即可将其锁定，这样做的好处是编辑图像时会对锁定的区域进行保护。

1）锁定快速查找功能

在"图层"面板中单击"锁定快速查找功能"按钮，当其变为 图标时，表示取消快速查找图层功能；当其变为 图标时，表示启用快速查找图层功能。

2）锁定透明区域

图层透明区域将会被锁定，此时图层中的图像部分可以被移动并可以被编辑。例如，使用画笔在图层上绘制时，只能在有图像的地方绘制，透明区域是不能使用画笔的，如图 2-75 所示。

图2-75　锁定透明区域

3）锁定像素

图层内的图像可以被移动和变换，但是不能对该图层进行调整或应用滤镜。

4）锁定位置

图层内的图像是不能被移动的，但是可以对该图层进行编辑。

5）锁定全部

用来锁定图层的全部内容，使其不能进行操作。

8. 删除图层

删除图层指的是将选择的图层从"图层"面板中清除。在"图层"面板中拖动选择的图层到 （删除图层）按钮上，即可将其删除。

当"图层"面板中存在隐藏图层时，选择菜单栏中的"图层"|"删除"|"隐藏图层"命令，即可将隐藏的图层删除。

9. 合并图层

1）拼合图像

拼合图像可以将多图层图像以可见图层的模式合并为一个图层，被隐藏的图层将会被删除。选择菜单栏中的"图层"|"拼合图像"命令，可以弹出如图 2-76 所示的提示对话框，单击"确定"按钮，即可完成拼合。

图2-76　提示对话框

2）向下合并图层

向下合并图层可以将当前图层与下面的一个图层合并。选择菜单栏中的"图层"|"合并图层"命令或按 Ctrl+E 快捷键，即可完成当前图层与下一图层的合并。

3）合并所有可见图层

合并所有可见图层可以将"图层"面板中显示的图层合并为一个图层，隐藏图层不被删除。选择菜单栏中的"图层"|"合并可见图层"命令或按 Shift+Ctrl+E 快捷键，即可将显示的图层合并。

4）合并选择的图层

合并选择的图层可以将"图层"面板中被选择的图层合并为一个图层。选择两个以上的图层后，选择菜单栏中的"图层"|"合并图层"命令或按 Ctrl+E 快捷键，即可将选择的图层合并为一个图层。

5）盖印图层

盖印图层可以将"图层"面板中显示的图层合并到一个新图层中，原来的图层还存在。按 Ctrl+Shift+Alt+E 快捷键，即可为图层执行盖印功能，如图 2-77 所示。

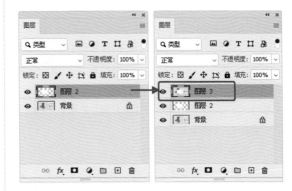

图2-77　盖印图层

6）盖印选择的图层

盖印选择的图层可以将选择的多个图层盖印出一个合并图层，原图层还存在。按 Ctrl+Alt+Shift+E 快捷键，即可将选择的图层盖印出一个合并后的图层。

7）合并图层组

合并图层组可以将整组中的图像合并为一个图层。在“图层”面板中选择图层组后，选择菜单栏中的“图层”|“合并组”命令，即可将图层组中的所有图层合并为一个单独图层。

2.4.5 图层的蒙版

图层蒙版可以理解为在当前图层上面覆盖一层玻璃片，这种玻璃片有透明和黑色不透明两种，前者显示全部图像，后者隐藏部分图像。用各种绘图工具在蒙版（即玻璃片）上涂色（只能涂黑、白、灰色）时，黑色的地方蒙版变为不透明，看不见当前图层的图像；白色则使涂色部分变为透明，可看到当前图层上的图像；灰色使蒙版变为半透明，透明的程度由涂色的深浅决定。

1. 创建图层蒙版

当图像中存在选区时，单击（添加图层蒙版）按钮，可以在选区内创建透明蒙版，在选区以外创建不透明蒙版；按住 Alt 键的同时单击（添加图层蒙版）按钮，可以在选区内创建不透明蒙版，在选区以外创建透明蒙版。

2. 显示与隐藏图层蒙版

创建蒙版后，可以通过显示与隐藏图层蒙版的方法对整体图像进行预览，查看添加图层蒙版与未添加图层蒙版的对比效果。操作方法是选择菜单栏中的“图层”|“蒙版”|“停用”命令，或在蒙版缩览图上右击，在弹出的快捷菜单中选择“停用图层蒙版”命令，此时在蒙版缩览图上会出现一个红叉，表示此蒙版应用被停用。再选择菜单栏中的“图层”|“蒙版”|“启用”命令，或在蒙版缩览图上右击，在弹出的快捷菜单中选择“启用图层蒙版”命令，即可重新启用蒙版效果。

3. 删除图层蒙版

删除图层蒙版指的是将添加的图层蒙版从图像中删掉。创建蒙版后，选择菜单栏中的“图层”|“蒙版”|“删除”命令，即可将当前应用的蒙版效果从图层中删除，图像恢复原来效果。

拖动蒙版缩览图到“删除图层”按钮上，此时系统会弹出如图 2-78 所示的提示对话框，提示是否要在移去之前将蒙版应用到图层。单击（删除）按钮，即可将图层蒙版从图像中删除；单击“应用”按钮，可以将蒙版与图像合为一体；单击“取消”按钮，将不参与操作。

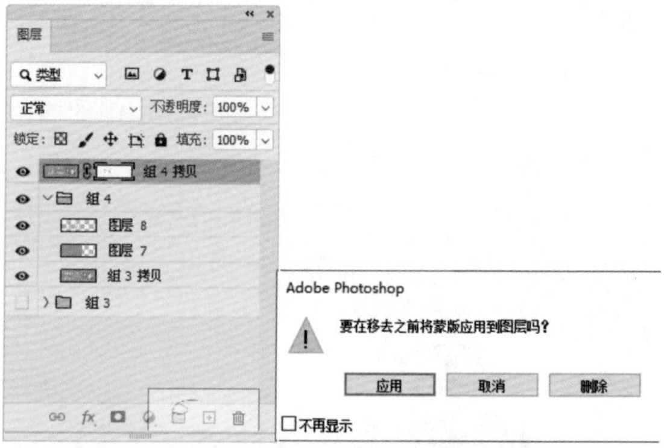

图2-78 删除蒙版

4. 应用图层蒙版

应用图层蒙版指的是将图层蒙版与图像合为一体。创建蒙版后，选择菜单栏中的“图层”|“图层蒙版”|“应用”命令，可以将当前应用的蒙版效果直接与图像合并，如图 2-79 所示。

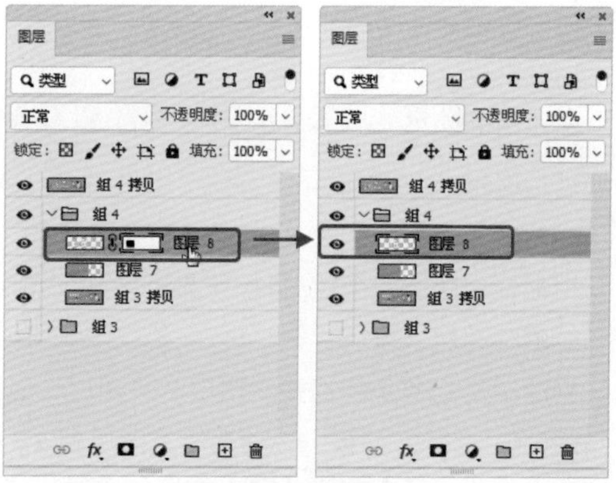

图2-79 应用蒙版

5.“蒙版”属性面板

当选择蒙版缩览图时，“蒙版”属性面板中会显示关于蒙版的参数，在此可以对创建的图层蒙版进行更加细致的调整，使图像合成更加细腻，处理更加方便。创建蒙版后，选择菜单栏中的“窗口”|“属

性"命令，即可弹出如图2-80所示的"蒙版"属性面板。该面板中各选项的功能介绍如下。

图2-80 "蒙版"属性面板

- □（创建蒙版）：为图像创建蒙版或在蒙版与图像之间进行选择。
- □（创建矢量蒙版）：为图像创建矢量蒙版或在矢量蒙版与图像之间进行选择。图像中不存在矢量蒙版时，只要单击该按钮，即可在该图层中新建一个矢量蒙版。
- 密度：用来设置蒙版中黑色区域的透明程度，数值越大，蒙版缩览图中的颜色越接近黑色，蒙版区域也就越透明。
- 羽化：用来设置蒙版边缘的柔和程度，与选区羽化类似。
- 选择并遮住：可以更加细致地调整蒙版。单击该按钮，会弹出"调整蒙版"对话框，设置各

项参数即可调整蒙版的边缘。

- 颜色范围：用来重新设置蒙版的效果。单击该按钮，弹出"色彩范围"对话框，设置各项参数即可调整颜色范围。
- 反相：单击该按钮，可以将蒙版中的黑色与白色进行转换。
- ○（创建选区）按钮：单击该按钮，可以从创建的蒙版中生成选区，被生成选区的部分是蒙版的白色部分。
- （应用蒙版）按钮：单击该按钮，可以将蒙版与图像合并，效果与菜单栏中的"图层"|"图层蒙版"|"应用"命令一致。
- ◉（启用与停用蒙版）按钮：单击该按钮，可以将蒙版在显示与隐藏状态之间进行转换。
- 🗑（删除蒙版）按钮：单击该按钮，可以将选择的蒙版缩览图从"图层"面板中删除。

2.5 将图像导入Photoshop中

选择菜单栏中的"文件"|"打开"命令或按Ctrl+O快捷键，在弹出的"打开"对话框中选择需要打开的文件，单击"打开"按钮即可打开该文件。在查找范围中，可以设置打开文件的路径；在文件类型中，可以筛选需要打开文件的类型，默认为"所有格式"，如图2-81所示。

图2-81 打开图像

另外，Photoshop可以记录最近使用过的10个文件。选择菜单栏中的"文件"|"最近打开文件"命令，在其子菜单中单击文件名，即可将其在Photoshop中打开；执行底部的"清除最近"命令，可以删除历史打

开记录。但是首次启动 Photoshop 时，或者在运行 Photoshop 期间已经执行过"清除最近"命令，都会导致"最近打开文件"命令处于灰色不可用状态。

选择一个需要打开的文件并右击，在弹出的快捷菜单中选择"打开方式"|Adobe Photoshop 命令，可以使用 Photoshop 快速打开该文件。也可以选择一个需要打开的文件，然后将其拖曳到 Photoshop 的应用程序图标上，快速打开该文件。

2.6　小结

本章主要介绍了 Photoshop 的工作界面、图像的类型和格式，并详细介绍了图层的相关内容。图层是 Photoshop 中的一项重要内容，各种素材和效果可以通过图层来辅助调整和制作。希望读者通过对本章的学习，可以熟练掌握图层的使用方法。

第
③
章

常用的Photoshop工具和命令

本章介绍 Photoshop 中常用的工具和命令，其中包括如何使用工具抠取素材图像，以及素材的移动、缩放工具，图像的编辑工具、渐变工具，图像的色彩调整命令等的应用。

课堂学习目标

◇ 了解素材的选择方法
◇ 了解素材的移动方法
◇ 了解素材的缩放方法
◇ 掌握编辑图像的方法
◇ 了解渐变工具
◇ 掌握调整图像色彩的方法

3.1 选区的创建与编辑

在 Photoshop 中处理图像时，需要为图像指定一个有效的编辑区域，这个区域就是"选区"。创建选区的方法有多种，可以使用"选框工具"进行创建，也可以使用"钢笔工具"精确创建选区，还可以基于色彩创建选区。

创建选区后，可以绘制或编辑选区中的内容，选区外的内容不可绘制或编辑。"抠图"也是选区的重要功能之一。制作出素材图像需要保留对象选区，然后将其从背景中分离出来，并与其他元素进行融合，这就是"合成"的重要步骤之一，如图 3-1 和图 3-2 所示。

图3-1 素材图像

图3-2 添加飞鸟的效果图

Photoshop 中还包含一类对色调进行选择的工具。当需要选择的对象与背景之间的色调差异比较明显时，使用![]（魔棒工具）、![]（快速选择工具）、![]（磁性套索工具）和"色彩范围"命令可以快速地将对象分离出来。这些工具和命令都可以基于色调之间的差异来创建选区。图 3-3 和图 3-4 所示为使用"快速选择工具"将前景对象抠选出来，并更换背景后的对比效果。

图3-3 素材图像　　　图3-4 更换背景的图像

使用前面介绍的方法可以制作出精确的选区，但是遇到选区边缘复杂并且包含羽化效果的情况，则需要使用通道抠图。通道抠图主要是基于具体图像的色相差别或者明度差别，用不同的方法建立选区。通道抠图非常适合抠取毛发、婚纱、烟雾、玻璃以及具有运动模糊的物体。

3.1.1 选框工具

创建矩形选区与正方形选区可以使用![]（矩形选框工具），按住 Shift 键可以创建正方形选区。图 3-5 所示为![]（矩形选框工具）的选项栏。

- ![]（新选区）按钮：激活该按钮后，可以创建一个新选区。如果已经存在选区，那么新创建的选区将替代原来的选区。
- ![]（添加到选区）按钮：激活该按钮后，可以将当前创建的选区添加到原来的选区中（按住 Shift 键也可以实现相同的功能）。
- ![]（从选区减去）按钮：激活该按钮后，可以将当前创建的选区从原来的选区中减去（按住 Alt 键也可以实现相同的功能）。
- ![]（与选区交叉）按钮：激活该按钮后，新建选区时只保留原有选区与新创建选区相交的部分（按住 Alt+Shift 键也可以实现相同的功能）。

图3-5 "矩形选框工具"选项栏

- 羽化：主要用来设置选区边缘的虚化程度。羽化值越大，虚化范围越宽；羽化值越小，虚化范围越窄。图 3-6 和图 3-7 所示的图像边缘是羽化值分别为 0 像素与 50 像素时的效果。

图3-6　羽化值为0像素的效果

图3-7　羽化值为50像素的效果

💡**提示** 当 Photoshop 弹出一个警告对话框提醒羽化后的选区将不可见（选区仍然存在）时，表明当前设置的"羽化"数值过大。

- 消除锯齿："矩形选框工具"的"消除锯齿"选项是不可用的，因为矩形选框没有不平滑效果，只有在使用"椭圆选框工具"时"消除锯齿"选项才可用。
- 样式：用来设置矩形选区的创建方法。
- 选择并遮住：与菜单栏中的"选择"|"选择并遮住"命令功能相同。单击该按钮，可以进入"选择并遮住"面板，从中可以对边缘进行选择并调整等。

制作椭圆选区可以使用 ◯（椭圆选框工具），按住 Shift 键可以创建正圆选区。◯（椭圆选框工具）的选项栏与 ▢（矩形选框工具）的选项栏基本相同，这里就不重复介绍了。

创建高度或宽度为 1 像素的选区时，可以使用 ⋯（单行选框工具）和 ▯（单列选框工具），这两种工具常用来制作网格效果，其选项栏可参考 ▢（矩形选框工具）的选项栏。

3.1.2 套索工具

当需要自由绘制形状不规则的选区时，可以使用 ◯（套索工具）。选择使用"套索工具"后，在图像上拖曳鼠标绘制选区边界，松开鼠标左键时，选区将会自动闭合。图 3-8 和图 3-9 所示为绘制选区边界和闭合选区。

图3-8　绘制选区

图3-9　闭合选区

▷（多边形套索工具）与 ◯（套索工具）的使用方法类似，但是 ▷（多边形套索工具）更适合创建一些转角比较强烈的选区。在水平方向、垂直方向或45°方向上绘制直线，可以使用"多边形套索工具"绘制选区。另外，按 Delete 键可以删除最近绘制的直线。图 3-10 和图 3-11 所示为使用"多边形套索工具"绘制的选区和闭合的选区。

图3-10　绘制的选区

图3-11　闭合的选区

（磁性套索工具）特别适合快速选择与背景对比强烈且边缘复杂的对象，因为（磁性套索工具）能够通过颜色差异自动识别对象的边界。使用（磁性套索工具）时，套索边界会自动对齐图像的边缘，如图 3-12 所示。

图3-12　使用"磁性套索工具"绘制选区

（磁性套索工具）的选项栏如图 3-13 所示。

- 对比度：该选项主要用来设置"磁性套索工具"感应图像边缘的灵敏度。如果对象的边缘比较清晰，就可以将该值设置得高一些；如果对象的边缘比较模糊，则可以将该值设置得低一些。

- 频率：在使用"磁性套索工具"勾画选区时，Photoshop 会生成很多锚点，"频率"选项可用来设置锚点的数量。数值越高，生成的锚点越多，捕捉到的边缘越准确，但是可能会造成选区边缘不够平滑。图 3-14 和图 3-15 所示分别是频率为 10 和 100 时生成的锚点。

- （钢笔压力）按钮：如果计算机配有数位板和压感笔，则可以激活该按钮，Photoshop 会根据压感笔的压力自动调节（磁性套索工具）的检测范围。

图3-13　"磁性套索工具"选项栏

图3-14　频率为10的套索锚点

图3-15　频率为100的套索锚点

3.1.3　快速选择工具

使用 （快速选择工具）拖曳鼠标时，选区范围不但会向外扩张，而且还可以自动寻找并沿着图像的边缘来描绘边界，所以使用（快速选择工具）可以迅速绘制出选区。（快速选择工具）的选项栏如图3-16所示。

图3-16　"快速选择工具"选项栏

- 选区运算按钮：激活（新选区）按钮，可以创建一个新的选区；激活（添加到选区）按钮，可以在原有选区的基础上添加新创建的选区；激活（从选区减去）按钮，可以在原有选区的基础上减去当前绘制的选区。
- "画笔"选择器：单击倒三角按钮，可以在弹出的"画笔"选择器中设置画笔的大小、硬度、间距、角度以及圆度。在绘制选区的过程中，可以按] 键或 [键，增大或减小画笔的大小。
- 对所有图层取样：如果选中该复选框，那么 Photoshop 会根据所有图层建立选区范围，而不只是针对当前图层。
- 自动增强：降低选区范围的边界粗糙度和块效应。

3.1.4　魔棒工具

（魔棒工具）在实际工作中的使用频率相当高。使用（魔棒工具）在图像中单击就能选取颜色差别在容差值范围之内的区域，其选项栏如图3-17所示。

图3-17　"魔棒工具"选项栏

- 容差：决定所选像素之间的相似性或差异性，其取值范围为 0 ～ 255。数值越低，对像素相似程度的要求越高，所选的颜色范围就越小；数值越高，对像素相似程度的要求越低，所选的颜色范围就越大。图 3-18 和图 3-19 所示分别是容差数值为 30 和 90 时的选区效果。

图3-18　容差为30时的选区　　　　　　　　图3-19　容差为90时的选区

- 连续：当选中该复选框时，只选择颜色连接的区域；当取消选中该复选框时，可以选择与所选像素颜色接近的所有区域，当然也包含没有连接的区域。图 3-20 和图 3-21 所示分别为选中"连续"复选框和取消选中"连续"复选框的效果。
- 对所有图层取样：如果文档中包含多个图层，当选中该复选框时，可以选择所有可见图层上颜色相近的区域；当取消选中该复选框时，仅选择当前图层上颜色相近的区域。

图3-20 选中"连续"复选框后的选区　　图3-21 取消选中"连续"复选框后的选区

3.1.5 "色彩范围"命令

"色彩范围"命令与 ✎（魔棒工具）比较相似，但是该命令提供了更多的控制选项，因此选择精度也要高一些。该命令可根据图像的颜色范围创建选区。需要注意的是，"色彩范围"命令不可用于32 位 / 通道的图像。

使用"色彩范围"命令打开"色彩范围"对话框，选择图像中的白色区域，如图 3-22 所示。

图3-22 选择色彩范围

- 选择：用来设置选区的创建方式。选择"取样颜色"选项时，鼠标指针会变成 ✎ 吸管形状，将鼠标指针放置在画布中的图像上或在"色彩范围"对话框中的预览图像上单击，可以对颜色进行取样。如果要添加取样颜色，可以单击 ✎（添加到取样）按钮，然后在预览图像上单击，可以取样其他颜色；如果要减去取样颜色，可以单击 ✎（从取样中减去）按钮，然后在预览图像上单击，可以减去其他取样颜色；当选择"红色""黄色""绿色""青色"等选项时，可以选择图像中特定的颜色；当选择"高

光""中间调""阴影"选项时，可以选择图像中特定的色调；当选择"溢色"选项时，可以选择图像中出现的溢色。

- 本地化颜色簇：选中"本地化颜色簇"复选框后，拖曳"范围"滑块，可以控制包含在蒙版中的颜色与取样点的最大和最小距离。

- 颜色容差：用来控制颜色的选择范围。数值越高，包含的颜色越多；数值越低，包含的颜色越少。

- 选区预览图：在选区预览图下面有"选择范围"和"图像"两个选项。当选中"选择范围"单选按钮时，预览区域中的白色代表被选择的区

域，黑色代表未被选择的区域，灰色代表被部分选择的区域（即有羽化效果的区域）；当选中"图像"单选按钮时，预览区内会显示彩色图像。

- 选区预览：用来设置文档窗口中选区的预览方式。
- 存储/载入：单击"存储"按钮，可以将当前的设置状态保存为选区预设；单击"载入"按钮，可以载入存储的选区预设文件。
- 反相：将选区进行反转，也就是说，创建选区后，相当于选择菜单栏中的"选择"|"反相"命令。

3.1.6 编辑选区

如何创建选区，相信读者已经学会了，下面将介绍如何对选区进行编辑。

1. 全选和反选

选择菜单栏中的"选择"|"全部"命令或按Ctrl+A快捷键，可以选择当前文档边界内的所有图像。全选图像常用于复制整个文档中的图像。

创建选区后，要想选择图像中没有被选择的部分，则选择菜单栏中的"选择"|"反向选择"命令，或按Shift+Ctrl+I快捷键，选择反向的选区。

2. 取消与重新选择

取消选区状态，可以选择菜单栏中的"选择"|"取消选择"命令或按Ctrl+D快捷键。选择菜单栏中的"选择"|"重新选择"命令，可以恢复被取消的选区。

3. 隐藏与显示选区

选择菜单栏中的"视图"|"显示"|"选区边缘"命令，可以切换选区的显示与隐藏。创建选区后，要隐藏选区（隐藏选区后，选区仍然存在），可以选择菜单栏中的"视图"|"隐藏"|"选区边缘"命令或按Ctrl+H快捷键；再次选择菜单栏中的"视图"|"显示"|"选区边缘"命令或按Ctrl+H快捷键，可以将隐藏的选区显示出来。

4. 移动选区

将鼠标指针放置在选区内，当鼠标指针变为形状时，拖曳鼠标即可移动选区。

提示 移动选区的前提是当前工具为选区工具，并确定状态为□（新选区）按钮处于当

前选择。在包含选区的状态下，按键盘上的→、←、↑、↓键可以用1像素的距离移动选区。

5. 变换选区

变换选区的方法与图像的"自由变换"非常相似。对创建好的选区，选择菜单栏中的"选择"|"变换选区"命令，或右击，在弹出的快捷菜单中选择"变换选区"命令，选区周围会出现类似自由变换的界定框；再右击，还可以在弹出的快捷菜单中选择其他变换命令。完成变换之后，按Enter键即可得到变换后的选区。

6. 选择并遮住

创建选区以后，在选项栏中单击 选择并遮住… 按钮，或选择菜单栏中的"选择"|"选择并遮住"命令（或按Alt+Ctrl+R快捷键），进入"选择并遮住"窗口，如图3-23所示。"选择并遮住"命令可以分别对选区的半径、平滑度、羽化、对比度、边缘位置等属性进行调整，从而提高选区边缘的品质，并且可以在不同的背景下查看选区。

1）选择并遮住的工具箱

- （快速选择工具）：使用快速选择工具可以快速在窗口中选择需要的主体，其功能与主工具箱中的（快速选择工具）一样，可以单击（扩展检测区域）按钮利用快速选择工具增加选区，也可以将扩展的区域恢复到原始选区状态。
- （调整边缘画笔工具）：调整边缘画笔工具主要功能是选择边缘，用于辅助选择。
- （画笔工具）：画笔工具能设置笔刷大小，可以通过涂抹窗口选择区域的方式创建选择区域。
- （对象选择工具）：选择该工具后，在窗口中移动鼠标指针到对象上会出现蓝色的虚拟框，单击可以选中该对象。
- （套索工具）：该工具的使用方法与主工具箱中的套索工具相同。
- （抓手工具）：使用该工具可以调整图像的显示位置，与主工具箱中的（抓手工具）的使用方法相同。

图3-23 "选择并遮住"窗口

● （缩放工具）：使用该工具可以缩放图像，与主工具箱中的 （缩放工具）的使用方法相同。

2）选择并遮住的工具选项栏

与主工具箱相同，每选择一个工具都会在菜单栏的下方出现对应的工具选项栏，可根据不同情况使用工具选项栏调整工具属性。

3）选择并遮住的"属性"面板

该面板位于窗口的右侧，主要用于配合工具来完成选择区域。下面将详细介绍"属性"面板，如图3-24所示。

● "视图模式"选项组：为了更加方便地查看选区的调整结果，可以在"视图模式"选项组提供的多种视图中选择显示模式。

➢ 显示边缘：选中该复选框后，仅显示调整的边缘，其余图像被视图模式遮住，如图3-25所示。

➢ 显示原稿：选中此复选框可以查看原始选区。

➢ 实时调整：该选项为默认勾选，主要是为了方便查看选取的选区。

➢ 透明度：调整背景中除选区外的图像的透明参数。图3-26所示左图的透明度为30%，图3-26中右图的透明度为60%。

图3-24 "属性"面板

图3-25 显示边缘

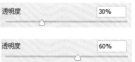

图3-26 不同不透明效果

- ➤ 预设：在该下拉列表框中可以将当前的选择并遮住参数进行存储或加载，还可使用默认值。

- ➤ 记住设置：选中该复选框，可以在使用选择并遮住时始终使用当前的参数。

- ● "调整模式"选项组：在该选项组中可以决定自动创建选区时，是根据颜色识别区域还是根据对象识别区域。

- ● "边缘检测"选项组：使用"边缘检测"选项组中的选项可以轻松抠出细密的毛发。

- ➤ 半径：使用半径可以精确调整遮罩的边界区域。制作头发或毛皮选区时，可以调整"半径"柔化区域以增加选区内的细节。

- ➤ 智能半径：选中此复选框，可以自动调整边界区域中发现的硬边缘和柔化边缘的半径。

- ● "全局调整"选项组："全局调整"选项组主要用来对选区进行平滑、羽化和扩展等处理，其中的选项说明如下。

- ➤ 平滑：减少选区边界中的不规则区域，以创建较平滑的轮廓。

- ➤ 羽化：模糊选区与周围像素之间的过渡效果。

- ➤ 对比度：锐化选区边缘并消除模糊的不协调感。通常情况下，配合"智能半径"选项调

整出来的选区效果会更好。

- ➤ 移动边缘：当设置负值时，可以向内收缩选区边界；当设置正值时，可以向外扩展选区边界。

- ➤ 清除选区：将创建的选区遮罩取消选择。

- ➤ 反相：设置选区的反相选择效果。

- ● "输出设置"选项组：该选项组主要用来消除选区边缘的杂色以及设置选区的输出方式，其中选项说明如下。

- ➤ 净化颜色：将彩色杂边替换为附近完全选中的像素颜色。颜色替换的强度与选区边缘的羽化程度成正比。

- ➤ 数量：更改净化彩色杂边的替换程度。

- ➤ 输出到：设置选区的输出方式。

7. 边界选区

创建选区后的效果如图3-27所示。选择菜单栏中的"选择"|"修改"|"边界"命令，可以将选区的边界向内或向外扩展，扩展后的选区边界将与原来的选区边界合并成新的选区。图3-28和图3-29所示分别是在"边界选区"对话框中设置"宽度"为20像素和50像素时的选区对比效果。

图3-27 创建选区

图3-28 边界为20像素的效果

图3-29 边界为50像素的效果

8. 平滑选区

如果要将选区进行平滑处理，可以对选区执行菜单栏中的"选择"|"修改"|"平滑"命令。图3-30和图3-31所示分别是设置"平滑"为10像素和50像素时的选区效果。

图3-30　平滑为10像素的效果

图3-31　平滑为50像素的效果

9. 扩展与收缩选区

如果要将选区向外扩展，可以对选区执行菜单栏中的"选择"|"修改"|"扩展"命令，设置"扩展量"为50像素的前后效果如图3-32和图3-33所示。

图3-32　创建选区的效果

如果要向内收缩选区，可以选择菜单栏中的"选择"|"修改"|"收缩"命令。图3-34所示为原始选区，图3-35所示是设置"收缩量"为100像素后的选区效果。

图3-33　扩展量为50像素的效果

图3-34　创建选区的效果

图3-35　收缩量为100像素的效果

除了上述所讲的选区编辑操作外，还可以通过填充和描边对选区进行编辑，方法是选择菜单栏中的"编辑"|"填充"命令和"编辑"|"描边"命令，这里就不详细介绍了。

3.2　素材的移动

无论是在文档中移动图层、选区中的图像，还是将其他文档中的图像拖曳到当前文档中，都需要用到 ✛.（移动工具），如图3-36和图3-37所示。

图3-36 打开效果图像

图3-37 移动人物

（移动工具）是最常用的工具之一，位于工具箱的最顶端。"移动工具"选项栏如图 3-38 所示，下面将介绍其中常用的几个选项。

图3-38 "移动工具"选项栏

- 自动选择：如果文档中包含多个图层或图层组，可以在右侧的下拉列表中选择要移动的对象。如果选择"图层"选项，使用"移动工具"在画布中单击时，可以自动选择"移动工具"下最顶层的图层；如果选择"组"选项，在画布中单击时，可以自动选择"移动工具"下面包含像素的最顶层的图层所在的图层组。

- 显示变换控件：选中该复选框后，当选择一个图层时，就会在图层内容的周围显示定界框，可以通过拖曳控制点来对图像进行变换操作。

- 对齐图层：当同时选择两个或两个以上的图层时，单击相应的按钮，可以将所选图层进行对齐。对齐方式包括▥（顶对齐）、▥（垂直居中对齐）、▥（底对齐）、▥（左对齐）、▥（水平居中对齐）、▥（垂直分布）和▥（右对齐）。

- 分布图层：当选择 3 个或 3 个以上图层时，单击相应的按钮，可以将所选图层按一定规则进行均匀分布排列。分布方式包括▥（按顶分布）、▥（垂直居中分布）、▥（按底分布）、▥（按左分布）、▥（水平居中分布）和▥（按右分布）。

3.3 素材的变换

处理图像变换的基本命令包括"旋转""缩放""扭曲""斜切"等。可以通过选择菜单栏中的"编辑"|"自由变换"和"变换"命令改变图像的形状，其中，"旋转"和"缩放"称为变换操作，而"扭曲"和"斜切"称为变形操作。

3.3.1 变换

在菜单栏中的"编辑"|"变换"子菜单中提供了多种变换命令，如图 3-39 所示。这些命令可以分别对图层、路径、矢量图形以及选区中的图像进行相应的变换操作。另外，它们还可以对矢量蒙版和通道应用变换。图 3-40 ～图 3-42 所示分别为原图、缩放与旋转图像的效果。

图3-39 "变换"子菜单

图3-40　原始图像

图3-41　缩放图像的效果

图3-42　旋转图像的效果

- 缩放：此命令可以相对于变换对象的中心点对图像进行缩放。对图像进行任意缩放，可以不按任何快捷键；对图像进行等比例缩放，可以按住 Shift 键；对图像以中心点为基准进行等比例缩放，可以按住 Shift+Alt 键。
- 旋转：围绕中心点转动变换对象，可以选择"旋

转"命令。以任意角度旋转图像，可以不按任何快捷键；以 15° 为单位旋转图像，要按住 Shift 键。

- 斜切：在任意方向、垂直方向或水平方向上倾斜图像，可以使用"斜切"命令。在任意方向上倾斜图像，可以不按任何快捷键；在垂直或水平方向上倾斜图像，要按住 Shift 键。
- 扭曲：在各个方向上伸展变换对象，可以使用"扭曲"命令。在任意方向上扭曲图像，可以不按任何快捷键；在垂直或水平方向上扭曲图像，要按住 Shift 键。
- 透视：对变换对象应用单点透视，可以使用"透视"命令。在水平或垂直方向上透视图像，可以拖曳定界框 4 个角上的控制点。
- 变形：如果要对图像的局部内容进行扭曲，可以使用"变形"命令。选择该命令时，图像上将会出现变形网格和锚点。拖曳锚点或调整锚点的方向线，可以对图像进行更加自由和灵活的变形处理。
- 旋转 180 度 / 旋转 90 度（顺 / 逆时针）：这 3 个命令非常简单，选择"旋转 180°"命令，可以将图像旋转 180°；选择"顺时针旋转 90 度"命令可以将图像顺时针旋转 90°；选择"逆时针旋转 90 度"命令可以将图像逆时针旋转 90°。
- 水平翻转 / 垂直翻转：将图像在水平方向上进行翻转可以选择"水平翻转"命令；将图像在垂直方向上进行翻转可以选择"垂直翻转"命令。

3.3.2　自由变换

在自由变换状态下，配合 Ctrl 键、Alt 键和 Shift 键可以快速达到某些变换目的。"自由变换"命令可以在一个连续的操作中进行旋转、缩放、斜切、扭曲、透视和变形，并且可以不必选择其他变换命令。

按住 Shift 键，使用鼠标左键拖曳定界框 4 个角上的控制点，可以等比例放大或缩小图像，如图 3-43 所示；也可以反向拖曳形成翻转变换。使

用鼠标左键在定界框外单击拖曳，可以以 15°为单位顺时针或逆时针旋转图像。

图3-43 变换图像

要想形成以对角为直角的自由四边形方式变换，可以按住 Ctrl 键，使用鼠标左键拖曳定界框 4个角上的控制点。要想形成以对边不变的自由平行四边形方式变换，可以使用鼠标左键拖曳定界框边上的控制点。图 3-44 所示为拖曳边框上的控制点后的效果。

图3-44 调整变换的效果

要想形成以中心对称的自由矩形方式变换，可以按住 Alt 键，使用鼠标左键拖曳定界框 4 个角上的控制点。要想形成以中心对称的等高或等宽的自

由矩形方式变换，可以使用鼠标左键拖曳定界框边上的控制点。图 3-45 所示为以等宽的自由矩形方式变换的图像。

图3-45 自由变换的效果

要想形成以对角为直角的直角梯形方式变换，可以按住 Shift+Ctrl 键，使用鼠标左键拖曳定界框 4 个角上的控制点。要想形成以对边不变的等高或等宽的自由平行四边形方式变换，可以使用鼠标左键拖曳定界框边上的控制点。图 3-46 所示为调整控制点后的变换图像。

图3-46 调整控制点的效果

要想形成以相邻两角位置不变的中心对称自由平行四边形方式变换，可以按住 Ctrl+Alt 键，使用鼠标左键拖曳定界框 4 个角上的控制点。要想形成

以相邻两边位置不变的中心对称自由平行四边形方式变换，可以使用鼠标左键拖曳定界框边上的控制点。

要想形成以中心对称的等比例放大或缩小的矩形方式变换，可以按住 Shift+Alt 键，使用鼠标左键拖曳定界框 4 个角上的控制点。使用鼠标左键拖曳定界框边上的控制点，可以形成以中心对称的对边不变的矩形方式变换。

要想形成以等腰梯形、三角形或相对等腰三角形方式变换，可以按住 Shift+Ctrl+ Alt 键，使用鼠标左键拖曳定界框 4 个角上的控制点。

 提示 除了上述的将自由变形转换为其他的变换方式外，还可以在自由变换框中右击，在弹出的快捷菜单中选择需要的变换命令。

3.4　图像编辑工具的运用

Photoshop 中的图像编辑工具有很多种，主要包括图章工具、橡皮擦工具、加深和减淡工具、修复画笔工具、裁切工具以及抓手工具等。

3.4.1　图章工具

在效果图的后期处理中，图章工具是应用最为广泛的一种工具，主要适用于复制图像，以修补局部图像的不足。图章工具包括 ▲（仿制图章工具）和 ▲（图案图章工具）两种，在效果图处理中使用较多的是 ▲（仿制图章工具）。

选择 ▲（仿制图章工具），在选项栏中选择合适的画笔，如图 3-47 所示。按住 Alt 键，在图像中单击，选取一个采样点，然后在图像的其他位置上拖曳鼠标，就可以复制图像，将残缺的图像修补完整。图 3-48 所示为修补前后的效果对比。

图3-47　选择合适的画笔

图3-48　使用图章工具修复图像的前后对比效果

- 画笔列表：从中选择"图章工具"以什么样的画笔笔触对图像进行修复。
- ☑（切换画笔面板）按钮：打开或关闭"画笔"面板。
- ☑（切换仿制源面板）按钮：打开或关闭"仿制源"面板。
- 模式：与图层模式相同，设置修补图像的混合模式。
- 不透明度：设置修复画笔的不透明度。
- 流量：控制混合画笔的流量大小。
- 对齐：选中该复选框后，可以对像素进行连续取样，即使释放鼠标，也不会丢失当前的取样点。如果关闭"对齐"选项，则会在每次停止并重新开始绘制时使用初始取样点中的样本像素。

- 样本：从指定的图层中进行数据取样。

3.4.2 橡皮擦工具

Photoshop 提供了三种橡皮擦工具，包括☑（橡皮擦工具）、☑（背景橡皮擦工具）和☑（魔术橡皮擦工具），最常用的是☑（橡皮擦工具）。图 3-49 所示为擦除图像的前后对比效果。

在效果图场景中添加配景时，加入的配景有时会与场景衔接不自然，这时就可以用工具箱中的☑（橡皮擦工具）对配景的边缘进行修饰，使配景与效果图场景能比较自然地结合。

在工具选项栏中可以设置橡皮擦的属性，如图 3-50 所示。

图3-49 擦除图像的前后对比效果

图3-50 "橡皮擦工具"选项栏

- 模式：用来选择橡皮擦的种类。选择"画笔"选项时，可以创建柔边擦除效果；选择"铅笔"选项时，可以创建硬边擦除效果；选择"块"选项时，擦除的效果为块状。
- 不透明度：用来设置☑（橡皮擦工具）的擦除强度。设置为100%时，可以完全擦除像素。当设置"模式"为"块"选项时，"不透明度"选项不可用。
- 抹到历史记录：选中该复选框后，☑（橡皮擦工具）的作用相当于历史记录画笔工具。

3.4.3 加深和减淡工具

使用☑（加深工具）和☑（减淡工具）可以

轻松地调整图像局部的明暗变化。图 3-51 所示为原始效果图，图 3-52 所示为使用"加深工具"加深后的效果。

图3-51 原始效果图

图3-52　加深后的图像效果

复画笔工具"的选项栏如图 3-55 所示。

图3-53　原始效果图

3.4.4　修复画笔工具

单击工具箱中的"修复画笔工具"按钮，即可激活该工具。 ✐（修复画笔工具）与 ⬚.（仿制图章工具）的功能相似之处就是可以修复图像的瑕疵，也可以用图像中的像素作为样本进行绘制。不同的是， ✐（修复画笔工具）还可将样本像素的纹理、光照、透明度和阴影与所修复的像素进行匹配，从而使修复后的像素不留痕迹地融入图像的其他部分，如图 3-53 和图 3-54 所示。"修

图3-54　修复后的图像效果

图3-55　"修复画笔工具"选项栏

"源"选项用于设置修复像素的源。选中"取样"按钮时，可以使用当前图像的像素来修复图像；选中"图案"按钮时，可以使用某个图案作为取样点。

3.4.5　裁切工具

要想调整画面构图或去除多余边界，可使用 Photoshop，因为在 Photoshop 中可以使用多种方法对图像进行裁切。使用 ⊞（裁剪工具）、"裁剪"命令和"裁切"命令都可以轻松去掉画面的多余部分，裁剪（切）前后的效果如图 3-56 和图 3-57 所示。

图3-56　原始效果图

注意 一般不建议直接对效果图进行裁剪，可以先用一个单色的矩形框将画面多余的部分遮住，调整好位置后，将单色的矩形外框裁剪掉。

图3-57　裁剪后的图像效果

3.4.6 渐变工具

单击工具箱中的  （渐变工具）按钮，工具选项栏如图3-58所示。该工具的应用范围非常广泛，它不仅可以用来填充图层蒙版、快速蒙版、通道等，还可以填充图像。 （渐变工具）可以在整个文档或选区内填充渐变色，并且可以创建多种颜色之间的混合效果。

图3-58 "渐变工具"选项栏

下面对"渐变工具"选项栏中的有关选项进行介绍。

- 渐变颜色条：显示当前的渐变颜色，单击右侧的 （倒三角）按钮，可以打开渐变拾色器，如图3-59所示。如果直接单击渐变颜色条，则会弹出"渐变编辑器"对话框，在此处可以编辑渐变颜色或者保存渐变，如图 3-60 所示。

图3-59 拾色器 　　　　　　　图3-60 "渐变编辑器"对话框

- 渐变类型：在此选项组中激活 （线性渐变）按钮，可以使用直线方式创建从起点到终点的渐变，如图 3-61 所示；激活 （径向渐变）按钮，可以使用圆形方式创建从起点到终点的渐变，如图 3-62 所示；激活 （角度渐变）按钮，可以创建围绕起点逆时针扫描的渐变，如图 3-63 所示；激活 （对称渐变）按钮，可以使用均衡的线性渐变在起点的任意一侧创建渐变，如图 3-64 所示；激活 （菱形渐变）按钮，可以使用菱形方式从起点向外产生渐变，终点定义菱形的一个角，如图 3-65 所示。

图3-61 线性渐变 　　　　　图3-62 径向渐变 　　　　　图3-63 角度渐变

- 模式：此下拉列表框可设置应用渐变时的混合模式。
- 不透明度：此下拉列表框用来设置渐变色的不透明度。
- 反向：选中此复选框，可以转换渐变中的颜色顺序，得到反方向的渐变结果。
- 仿色：选中该复选框，可以使渐变效果更加平滑。它主要用于防止打印时出现条带化现象，但在计算机屏幕上并不能明显地表现出来。
- 透明区域：选中该复选框，可以创建包含透明像素的渐变，如图 3-66 所示。

图3-64 对称渐变

图3-65 菱形渐变

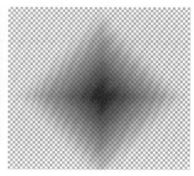

图3-66 透明区域的渐变

 提示 在后期处理中，使用"渐变工具"可以通过其不透明度来调整天空的颜色；渐变最常用到的地方是遮罩，所以掌握"渐变工具"会给后期处理带来更多的方便。

3.5 图像色彩的调整命令

下面将介绍几种常用的调整图像色彩的命令。

3.5.1 "亮度/对比度"命令

使用"亮度 / 对比度"命令可以对图像的整个色调进行调整，从而改变图像的亮度和对比度。"亮度 / 对比度"命令会对图像的每个像素进行调整，所以会导致图像细节丢失。图 3-67 ～图 3-69 所示分别为原图像、增加"亮度 / 对比度"后的效果和减少"亮度 / 对比度"后的效果。选择菜单栏中"图像"|"调整"|"亮度 / 对比度"命令，将会打开如图 3-70 所示的"亮度 / 对比度"对话框。此对话框中的选项说明如下。

- 亮度：用来控制图像的明暗度，负值会将图像

调暗，正值可以加亮图像，取值范围是 –100 ～ 100。

图3-67 原图像

图3-68 变亮的图像

图3-69　变暗的图像

图3-70　"亮度/对比度"对话框

- 对比度：用来控制图像的对比度，负值会降低图像的对比度，正值可以加大图像的对比度，取值范围是 $-100 \sim 100$。
- 使用旧版：选中此复选框，"亮度 / 对比度"命令将变为老版本中的调整功能。

3.5.2 "色相/饱和度"命令

使用"色相 / 饱和度"命令，可以调整整个图像或图像中单个颜色的色相、饱和度及亮度。选择菜单栏中的"图像"|"调整"|"色相 / 饱和度"命令，将会打开如图 3-71 所示的"色相 / 饱和度"对话框。此对话框中的选项说明如下。

- 预设：系统保存的调整数据。
- 全图：用来设置调整的颜色范围。
- 色相：通常指的是颜色，即红色、黄色、绿色、青色、蓝色和洋红色。
- 饱和度：通常指的是一种颜色的纯度，颜色纯度越高，饱和度就越大；颜色纯度越低，相应颜色的饱和度就越小。
- 明度：通常指的是色调的明暗度。
- 着色：选中该复选框后，只可为全图调整色调，并将彩色图像自动转换成单一色调的图像。

打开一张图像，如图 3-72 所示。选择编辑颜

色为"红色"，降低"饱和度"（即颜色纯度）的值，效果如图 3-73 所示。

图3-71　"色相/饱和度"对话框

图3-72　原图像

图3-73　调整图像的红色

3.5.3 "色彩平衡"命令

使用"色彩平衡"命令可以单独对图像的阴影、中间调和高光进行调整，从而改变图像的整体颜色。选择菜单栏中的"图像"|"调整"|"色彩平衡"命令，将会打开如图 3-74 所示的"色彩平衡"对话框。在该对话框中有三组相互对应的互补色，分别为青

色对红色、洋红对绿色和黄色对蓝色。例如，减少青色就会由红色来补充。

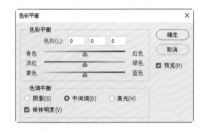

图3-74 "色彩平衡"对话框

- 色彩平衡：可以在对应的文本框中输入数值或拖动下面的三角滑块来改变颜色。
- 色调平衡：可以在阴影、中间调或高光中调整色彩平衡。
- 保持明度：选中该复选框后，在调整色彩平衡时保持图像亮度不变。

打开一张图像，如图3-75所示。通过设置"色彩平衡"参数来调整图像的色彩平衡效果，如图3-76所示。

图3-75 原图像

图3-76 调整色彩平衡

3.5.4 "色阶"命令

使用"色阶"命令可以校正图像的色调范围和颜色平衡。"色阶"直方图可以用作调整图像基本色调的直观参考，可以使用"色阶"对话框调整图像的阴影、中间调和高光的强度级别来达到最佳效果。选择菜单栏中的"图像"|"调整"|"色阶"命令，将会打开如图3-77所示的"色阶"对话框。此对话框中的选项说明如下。

图3-77 调整色阶

- 预设：用来选择已经调整完成的色阶效果。
- 通道：用来选择设定调整色阶的通道。
- 输入色阶：在对应的文本框中输入数值或拖动滑块来调整图像的色调范围，以提高或降低图像的对比度。
- 输出色阶：在对应的文本框中输入数值或拖动滑块来调整图像的亮度范围。增大"暗部"的数值可以使图像中较暗的部分变亮；减小"亮部"的数值可以使图像中较亮的部分变暗。
- 自动：单击该按钮，可以将"暗部"和"亮部"自动调整到最暗和最亮，得到的效果与使用"自动色阶"命令相同。
- 选项：单击该按钮，打开"自动颜色校正选项"对话框，可以设置"阴影"和"高光"所占的比例。

3.5.5 "曲线"命令

使用"曲线"命令可以调整图像的色调和颜色。将曲线向上或向下移动将会使图像变亮或变暗，具体情况取决于对话框是设置为显示光（0-255L）还是颜料／油墨％（G）。

曲线中较陡的部分表示对比度较高的区域，较平的部分表示对比度较低的区域。如果将"曲线"对话框设置为显示光（0-255L），而不是颜料／油墨％（G），则会在曲线图形的右上角呈现高光。移动曲线顶部的点，将调整高光；移动曲线中心的点，将调整中间调；移动曲线底部的点，将调整阴影。要使高光变暗，可将曲线顶部附近的点向下移动；将点向下或向右移动，会将"输入"值映射到较小的"输出"值，并会使图像变暗。要使阴影变亮，可将曲线底部附近的点向上移动；将点向上或向左移动，会将较小的"输入"值映射到较大的"输出"值，并会使图像变亮。选择菜单栏中的"图像"|"调整"|"曲线"命令，将会打开如图3-78所示的"曲线"对话框。此对话框中的选项说明如下。

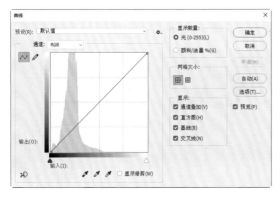

图3-78　"曲线"对话框

● 通道：选择需要调整的通道。如果某一通道色

调明显偏重，就可以选择单一通道进行调整，而不会影响其他颜色通道的色调分布。

● ∿（通过添加点来调整曲线）：可以通过在曲线上添加控制点来调整曲线。拖动控制点即可改变曲线形状。

● ✎（使用铅笔绘制曲线）：可以随意在直方图内绘制曲线，此时"平滑"按钮被激活，用来控制绘制铅笔曲线的平滑度。

● 曲线区：横坐标代表水平色调带，表示原始图像中像素的亮度分布，即输入色阶。调整前的曲线是一条45°直线，意味着所有像素的输入亮度与输出亮度相同。用曲线调整图像色阶的过程，也就是通过调整曲线的形状来改变像素的输入／输出亮度，从而改变整个图像的色阶。

通常情况下是通过调整曲线表格中的形状来调整图像的亮度、对比度、色彩等。调整曲线时，首先在曲线上单击，然后拖曳即可改变曲线形状。当曲线向左上角弯曲时，图像色调变亮；当曲线向右下角弯曲时，图像色调变暗。

通过向上调整曲线上的节点调整图像，效果如图3-79所示。

通过向下调整曲线上的节点调整图像，效果如图3-80所示。

通过调整曲线上的节点调整图像，效果如图3-81所示。

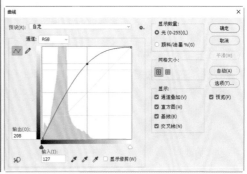

图3-79　向上调整曲线

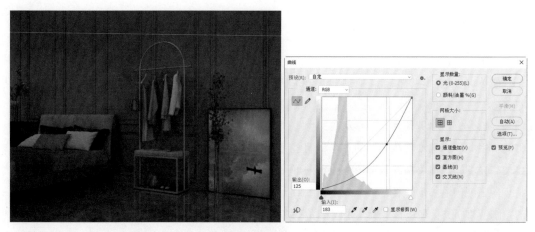

图3-80 向下调整曲线

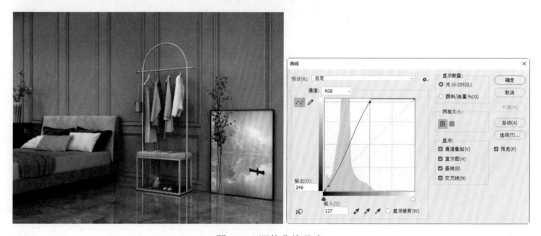

图3-81 调整曲线节点

提示 可以将曲线理解为用于调整明暗调的亮度、对比度。在调整曲线的过程中，向上调整曲线，相对应的图像区域就会变亮；向下调整曲线，相对应的图像区域就会变暗。

3.6 小结

本章主要介绍了 Photoshop 中的常用工具，其中主要包括选区的使用，并介绍了常用的修图工具、素材变换以及图像色彩调整命令。这些工具和命令在效果图后期处理中都是最常用的，所以读者一定要将本章的知识学好，这样才能为后面的学习打下坚实的基础。

第

4

章

效果图的简单修补

本章介绍如何修补渲染输出效果图的缺陷和构图。通过对本章的学习，读者可以掌握各种修补工具和调整画布的几个常用命令的用法。

课堂学习目标

◇ 了解缺陷效果图的定义
◇ 掌握调整构图的方法
◇ 掌握修改错误材质的方法
◇ 了解调整灰暗图像的方法
◇ 掌握修改溢色图像的方法
◇ 了解根据环境设置建筑颜色的方法

4.1 什么是缺陷效果图

3ds Max 软件渲染输出的效果图，一般都会有一些缺陷和不足，主要表现在以下几个方面。

（1）渲染输出的效果图场景的整体灯光效果不够理想，过亮或过暗。

（2）主体建筑的体积感不够强。

（3）画面的锐利度不够，画面发灰。

（4）画面所表现的色调和场景所要表现的色调不协调。

（5）输出图像的构图不合理，满足不了需要。

如果在渲染效果图的时候出现上述不足，对于那些比较好调整的，用户可以在 Photoshop 软件中对渲染图进行修改，以避免重新渲染场景的麻烦和浪费时间。

4.2 调整构图

接下来将介绍如何调整效果图的构图，其中主要介绍图像大小的调整、画布大小的调整、修正透视图像等。

4.2.1 调整图像大小

对于图像，最应关注的属性主要包括尺寸、大小和分辨率。选择菜单栏中的"图像"|"图像大小"命令或按 Alt+Ctrl+I 快捷键，打开"图像大小"对话框，可以修改图像的像素大小。而更改图像的像素大小不仅会影响图像在屏幕上的大小，还会影响图像的质量及其打印（图像的打印尺寸和分辨率），如图 4-1 所示。

● 图像大小：显示图像占用的硬盘空间大小。

● 尺寸：显示图像的长和宽，以像素为单位。

● 宽度：显示图像宽度尺寸。

● 高度：显示图像高度尺寸。

图4-1 "图像大小"对话框

● 分辨率：显示当前图像的分辨率。

● 重新采样：从中选择修改图像大小后的采样类型。

注意 在调整图像时，尽量锁定长宽比，否则就会出现比例失调的情况。图 4-2 所示为原始图像大小，图 4-3 所示为重新设置了"宽度"为 10、"高度"为 8 的图像大小。可以看到调整后的整张图变窄了，这就丢失了正确的比例。

图4-2 原始图像大小

图4-3 调整图像大小后的效果

4.2.2 调整画布大小

图像大小是指图像的"像素大小"；画布大小是指工作区域的大小，它包含图像和空白区域。这就是图像大小与画布大小的本质区别。打开一张图像，如图4-4所示。要想对画布的宽度、高度、定位和扩展背景颜色分别进行调整，可以选择菜单栏中的"图像"|"画布大小"命令，打开"画布大小"对话框，在其中调整相应的数值，如图4-5所示。增大画布大小，原始图像大小不会发生变化，而增大的部分会用选定的填充颜色进行填充，如图4-6所示。减小画布大小，图像则会被裁切掉一部分，如图4-7所示。

图4-4 原始图像大小

图4-5 "画布大小"对话框

- 当前大小：该选项组中显示了文档的实际大小以及图像宽度和高度的实际尺寸。
- 新建大小：指的是修改画布尺寸后的大小。当输入的"宽度"和"高度"值大于原始画布尺寸时，会增大画布。当输入的"宽度"和"高度"值小于原始画布尺寸时，Photoshop 会裁切超出画布区域的图像。

图4-6 增大画布

图4-7 裁剪画布

- 相对：选中该复选框时，"宽度"和"高度"数值代表实际增加或减小的区域的大小，而不再代表整个文档的大小。输入正值表示增大画布，输入负值表示减小画布。
- 定位：该选项主要用来设置当前图像在新画布上的位置。
- 画布扩展颜色：指的是填充新画布的颜色。如果图像的背景是透明的，那么"画布扩展颜色"选项将不可用，新增加的画布也是透明的。

4.2.3 修正透视图像

在渲染的效果图中难免会有一些透视效果让人感觉非常不舒服，这时只要使用 Photoshop 轻松几步就能将其修复。

步骤 01 选择菜单栏中的"文件"|"打开"命令，在弹出的"打开"对话框中选择"素材文件\第4章\修正透视 .tif"文件，打开的图像如图4-8所示。

图4-8　建筑图像

步骤02 在工具箱中选择▣（透视裁剪工具），在文档窗口中拖动选定裁剪区域，并调整4个角上的控制点，使其与建筑的两侧平行，如图4-9所示。

图4-9　创建裁剪区域

步骤03 再次调整建筑周围的宽度裁剪区域，如图4-10所示。

图4-10　调整裁剪区域

步骤04 按Enter键，确定裁剪，如图4-11所示。

图4-11　确定裁剪

 技巧 还可以通过调整变换框修正透视效果，即直接将透视效果变换成正常；或者使用"镜头校正"滤镜来调整透视效果。

 提示 使用▣（透视裁剪工具）不但可以用创建点的方式创建透视框，还可以用矩形的方式创建，然后拖动控制点到透视边缘即可。

4.3　修改错误的材质

在渲染输出的效果图中难免会出现材质应用方面的错误，不同的情况，修改错误材质的方法也不同。下面介绍使用"修补工具"修改错误材质的方法。

步骤01 选择菜单栏中的"文件"|"打开"命令，在弹出的"打开"对话框中选择"素材文件\第4章\修改错误材质.tif"文件，打开的图像如图4-12所示。可以看到，墙面上的发光效果出现了错误，下面对其进行修补。

步骤02 选择工具箱中的▣（修补工具），在墙体上没有灯光的区域创建选区，并垂直向上移动选区，如图4-13所示，修补错误选区中的图像区域。

图4-12　图像效果

图4-13　创建选区

图4-14　移动修补选区

图4-15　修补好的效果

步骤 03 松开鼠标后即可修补部分区域，如图 4-14 所示。

步骤 04 修补好一部分区域后，按 Ctrl+D 组合键取消选区，然后重新创建并拖动错误区域进行修补，直至完成修补工作，如图 4-15 所示。

提示 也可以使用 （污点修复画笔工具）、（修复画笔工具）和（仿制图章工具）对错误的材质进行修改，这里就不一一介绍了。

4.4　利用颜色通道调整灰暗的图像

渲染输出的效果图往往有些灰暗，这些图像可以在后期的处理中进行修复。下面介绍如何调整灰暗的图像，使其更有层次感。

步骤 01 选择菜单栏中的"文件"|"打开"命令，在弹出的"打开"对话框中选择"素材文件 \ 第 4 章 \ 简约卧室 .jpg"文件，打开的图像如图 4-16 所示。

步骤 02 打开"素材文件 \ 第 4 章 \ 简约卧室线框颜色 .jpg"文件，如图 4-17 所示。

图4-16　图像文件

图4-17　线框颜色图像

步骤 03 选择工具箱中的 ⊕（移动工具），按住
Shift 键，将线框图拖曳到效果图中，如图4-18所示。

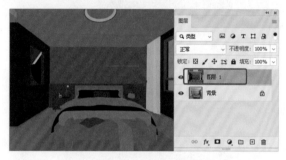

图4-18　拖曳线框图到效果图中

步骤 04 在"图层"面板中，选择"背景"图层，按
Ctrl+J 快捷键，复制出"背景 拷贝"图层，将该
图层放置到线框图图层上方，如图4-19所示。

图4-19　复制图层

步骤 05 选择"背景 拷贝"图层，执行菜单栏中的"图
像"|"调整"|"色阶"命令，打开"色阶"对话框，
调整灰度和亮度的色阶位置，单击"确定"按钮，
如图4-20所示。

步骤 06 隐藏"背景 拷贝"图层，在工具箱中选择
🖌（魔棒工具），在工具选项栏中选中"连续"复
选框，在线框图上选择墙体顶部的区域，如图4-21
所示。

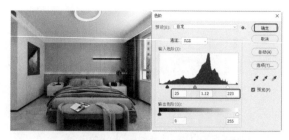

图4-20　调整图像的色阶

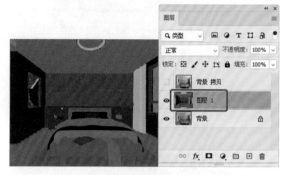

图4-21　选择墙体区域

 提示 在渲染建筑效果图时，往往会渲染出许
多辅助后期处理的图像，例如线框颜色
图像、灰度图像和线框图像。其中，最
重要的就是线框图像，因为可以根据
不同模型的颜色对其进行选择，并分别
对其调整，可以更好地获得模型的明暗
层次。

步骤 07 显示并选择"背景 拷贝"图层，按
Ctrl+M 快捷键，在弹出的"曲线"对话框中调整
曲线，如图 4-22 所示。

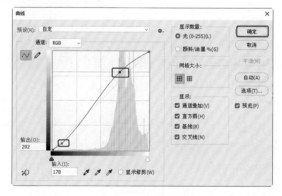

图4-22　调整曲线

步骤08 调整图像后，按 Ctrl+D 快捷键，取消选区的选择，效果如图 4-23 所示。

的选择，得到如图 4-26 所示的效果。

图4-23　调整后的墙体和顶的效果

步骤09 隐藏"背景　拷贝"图层，选择颜色通道图层（"图层1"图层），在工具箱中选择 ☑（魔棒工具），在效果图中选择如图 4-24 所示的灰色墙体选区。

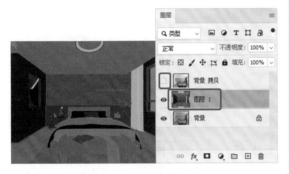

图4-24　创建墙体选区

步骤10 显示"背景　拷贝"图层，按 Ctrl+M 快捷键，在弹出的"曲线"对话框中调整曲线，如图 4-25 所示。

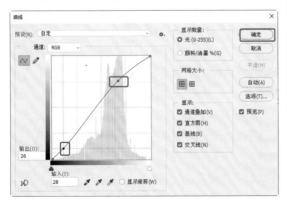

图4-25　调整曲线

步骤11 调整曲线后，按 Ctrl+D 快捷键，取消选区

图4-26　调整后的图像

步骤12 隐藏"背景　拷贝"图层，在线框图层上选择地面颜色；然后显示"背景　拷贝"图层，结果如图 4-27 所示。

图4-27　创建地面选区

步骤13 按 Ctrl+M 快捷键，在弹出的"曲线"对话框中调整曲线，如图 4-28 所示。

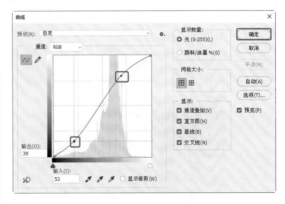

图4-28　调整曲线

步骤14 调整后的图像效果如图 4-29 所示。

图4-29 调整后的图像效果

4.5 修改溢色图像

下面介绍使用"色相/饱和度"命令来修改溢色图像的方法。

步骤01 选择菜单栏中的"文件"|"打开"命令，在弹出的"打开"对话框中选择"素材文件\第4章\卧室.tif"文件。选择工具箱中的 ☑（多边形套索工具），在图像中选择溢色的区域，如图4-30所示。

图4-30 创建选区

步骤02 选择菜单栏中的"选择"|"修改"|"羽化"命令，在弹出的"羽化选区"对话框中设置"羽化半径"为20像素，单击"确定"按钮，如图4-31所示。

图4-31 设置选区的羽化

步骤03 按Ctrl+U快捷键，在弹出的"色相/饱和度"对话框中设置"红色"类型，设置"饱和度"为-37、"明度"为+32，单击"确定"按钮，如图4-32所示。

图4-32 设置色相/饱和度

步骤04 按Ctrl+D快捷键，将选区取消，完成溢色的处理。图4-33所示为调整图像溢色的前后对比效果。

图4-33 效果图调整前后对比

基于不同的效果可以使用不同的方法，这里就不一一介绍了。

4.6 根据环境设置建筑颜色

下面介绍如何根据环境更改建筑主体的色调。

步骤01 选择菜单栏中的"文件"|"打开"命令，在弹出的"打开"对话框中选择"素材文件\第4章\住宅日景.psd"文件。可以看到建筑颜色偏暖，与周围环境不符，接下来调整主建筑的颜色。

步骤02 在"图层"面板中选择"图层0"图层，该图层为主建筑图层，如图4-34所示。

步骤03 选择图层后，在"图层"面板底部单击 ◑（创建新的填充或调整图层）按钮，在弹出的下拉菜单中选择"色彩平衡"命令，如图4-35所示。

步骤04 可以看到创建的调整图层，同时会弹出"色彩平衡"属性面板，从中设置"黄色-蓝色"的值为 18，如图 4-36 所示。

图4-34 图像及"图层"面板

图4-35 选择"色彩平衡"命令

图4-36 调整色彩平衡

步骤 05 继续观察图 4-36，可以看到图像中建筑模型的饱和度偏高，这会使整个建筑显得不真实，下面就来降低它的饱和度。按 Ctrl+U 快捷键，在弹出的"色相 / 饱和度"对话框中设置"饱和度"为 −24，如图 4-37 所示。

图4-37 调整色相/饱和度

步骤 06 选择菜单栏中的"图像"|"自动对比度"命令，如图 4-38 所示。

图4-38 "自动对比度"命令

注意 "自动对比度"命令不能调整颜色单一的图像，也不能单独调节颜色通道，所以不会导致偏色问题；但也不能消除图像中已经存在的偏色问题，所以不会增加或减少偏色程度。"自动对比度"的原理是将图像中的最亮和最暗像素映射为白色和黑色，使暗调更暗而高光更亮。"自动对比度"命令可以改善摄影或连续色调图像的对比度效果。

步骤07 调整色调的前后对比效果如图 4-39 所示。

图4-39　调整色调的前后对比效果

4.7　小结

　　本章通过具体实例的操作过程，系统地讲述了运用 Photoshop 软件中的工具和命令对不太理想的效果图进行修改的方法，其中包括对效果图错误材质的调整以及对不理想画面构图的调整、颜色通道的使用、调整溢色等。这些不足之处是渲染后的效果图经常有的缺陷，希望读者能够认真体会这些调整方法，平时多做一些练习来巩固所学的各种方法。

第 5 章

常用配景的处理

本章介绍常用素材的抠取，素材的投影、倒影及玻璃反射的处理方法，同时还介绍了天空、植物和人像等的各种效果处理方法。

课堂学习目标

◇ 了解素材的抠取方法
◇ 了解投影和倒影的处理方法
◇ 了解天空的处理方法
◇ 了解植物的处理方法
◇ 了解人像的处理方法
◇ 掌握玻璃反射的设置技巧

5.1 抠取素材

在后期处理中，素材起着装饰和丰富画面效果的作用，而素材的来源就是日积月累的收藏和抠取。本节将介绍两种常用的抠图方法，即选区抠图法和通道抠图法。

5.1.1 选区抠图法

选区抠图法主要是使用 🖉（多边形套索工具）和 🖉（磁性套索工具）来对图像进行抠取。

步骤01 选择菜单栏中的"文件"|"打开"命令，在弹出的"打开"对话框中选择"素材文件\第5章\选区抠图.jpg"文件，打开的图像如图5-1所示。

图5-1 图像效果

步骤02 选择工具箱中的 🖉（磁性套索工具），然后在工具选项栏中设置"宽度"为10像素、"对比度"为50%、"频率"为60，如图 5-2 所示。

步骤03 使用"磁性套索工具"在沙发的周围创建选区，结果如图 5-3 所示。

图5-2 设置选项参数

图5-3 使用"磁性套索工具"创建选区

步骤04 在工具箱中选中 🖉（多边形套索工具），在工具选项栏中可以看到 🖥（添加到选区）/ 🖥（从选区减去）按钮，如图 5-4 所示。使用 🖥（添加到选区）按钮添加没有选取到的沙发区域，如图 5-5 所示，使用 🖥（从选区减去）按钮减选沙发选区中多余的选区，如图 5-6 所示。

图5-4 "多边形套索工具"选项栏

步骤05 创建选区后，在"图层"面板中双击"背景"图层，将其改为"图层0"。单击"图层"面板底部的 🖥（添加蒙版）按钮，可以看到选取的沙发，如图 5-7 所示。

图5-5 添加选区

图5-6 从选区减去

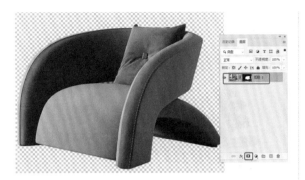

图5-7　添加蒙版后的效果

注意 这里添加蒙版主要是为了不破坏原始图像。在抠取图像后，可以将不需要的区域删除。

5.1.2　通道抠图法

使用通道抠图法可以抠取毛发和粗糙的边。下面就来介绍如何使用通道抠图法抠取植物。

步骤01 选择菜单栏中的"文件"|"打开"命令，在弹出的"打开"对话框中选择"素材文件\第5章\通道抠图.jpg"文件，打开的图像如图5-8所示。

图5-8　图像效果

步骤02 在"通道"面板的底部单击▣（创建新通道）按钮，创建新通道 Alpha 1，如图 5-9 所示。

步骤03 显示 RGB 通道，隐藏 Alpha 1 通道，并在轮廓清晰的位置创建选区。选择 Alpha 1 通道，设置背景色为白色，按 Ctrl+Delete 快捷键将选区填充为白色，如图 5-10 所示。

图5-9　创建新通道

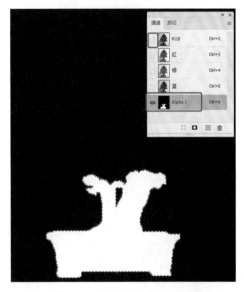

图5-10　创建选区并填充白色

步骤04 选择"蓝"通道，并在绿色植物区域创建选区，按 Ctrl+C 快捷键复制选区，如图 5-11 所示。

图5-11　创建选区

步骤05 在"通道"面板的底部单击▣（创建新通道）按钮，创建新通道 Alpha 2。按 Ctrl+V 快捷键，粘贴选区到 Alpha 2 通道中，如图 5-12 所示。

步骤06 按 Ctrl+Shift+I 快捷键反选区域，并填充选区为白色，如图 5-13 所示。按 Ctrl+D 快捷键，将选区取消选择。

图5-12 复制选区到新通道

图5-13 填充反选区域为白色

步骤07 按 Ctrl+L 快捷键，打开"色阶"对话框，调整色阶，如图 5-14 所示。

图5-14 调整图像的色阶

步骤08 选择工具箱中的 ✐（画笔工具），在 Alpha 2 通道中为植物绘制黑色区域，设置合适的画笔参数即可，如图 5-15 所示。

步骤09 按 Ctrl+I 快捷键，设置图像的反相效果，如图 5-16 所示。

图5-15 绘制黑色区域

图5-16 反相设置图像

💡注意 按住 Ctrl 键单击选择的通道，可调出通道中的选区；或者拖动选择的通道到"将通道作为选区载入"按钮 上，即可调出选区。

步骤10 选择 Alpha 2 通道，单击 ⊙（将通道作为选区载入）按钮，将白色区域载入选区；选择 Alpha 1 通道，确定选区处于选择状态，填充选区为白色，如图 5-17 所示。

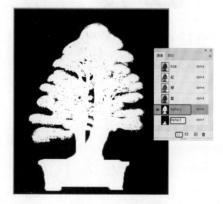

图5-17 填充通道

步骤 11 按 Ctrl+D 快捷键，取消选区的选择。选择 Alpha 1 通道，单击 ⊙（将通道作为选区载入）按钮，将植物载入选区。选择 RGB 通道，隐藏两个 Alpha 通道，可以看到选择的植物，如图 5-18 所示。

图5-18　载入通道选区

步骤 12 双击"背景"图层，将其转换为"图层 0"。单击"面板"底部的 ◻（添加蒙版）按钮，可以看到抠取的植物，效果如图 5-19 所示。

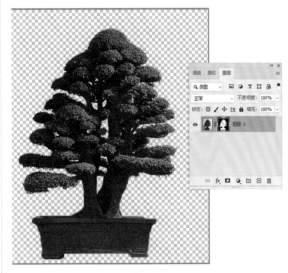

图5-19　添加蒙版后的效果

5.2　投影、玻璃反射及倒影的处理

投影、玻璃反射以及倒影是后期经常用到的一种配景处理效果。下面就来介绍图像投影、玻璃反射和水面倒影的处理方法。

5.2.1　图像投影处理

没有影子，物体的立体感也就体现不出来了，因此影子是使物体具有真实感的重要因素之一。通常情况下，为效果图场景添加配景后，就应该为该配景制作投影效果。下面介绍如何设置素材图像的投影效果。

步骤 01 选择菜单栏中的"文件"|"打开"命令，在弹出的"打开"对话框中选择"素材文件\第5章\投影.tif"文件，打开的图像如图 5-20 所示。

步骤 02 选择菜单栏中的"文件"|"打开"命令，在弹出的"打开"对话框中选择"素材文件\第5章\植物.psd"文件，打开的图像如图 5-21 所示。

步骤 03 将"植物.psd"素材文件拖曳到"投影.tif"文件中，如图 5-22 所示。在场景中缩放拖入

后的素材。

步骤 04 调整植物素材的大小后，在场景中将其移动到中间位置。然后在"图层"面板中选择"图层 1"图层，并将该图层拖曳到 ◻（创建新图层）按钮上，复制出"图层 1 拷贝"图层。按 Ctrl+T 快捷键，打开自由变换框，将上端中间的控制点调整到下面，使植物头朝下，如图 5-23 所示。

图5-20　图像效果

图5-21　植物素材　图5-22　将素材拖曳到效果图中

图5-23　复制并调整图像

步骤)05 在自由变换控制框中右击，在弹出的快捷菜

单中选择"斜切"命令，如图 5-24 所示。

图5-24　选择"斜切"命令

步骤)06 在效果图中调整图像的斜切效果，如图 5-25 所示。

步骤)07 按 Ctrl+U 快捷键，在弹出的"色相 / 饱和度"对话框中设置"明度"为 -100，如图 5-26 所示。

图5-25　调整图像斜切效果　　　　图5-26　设置图像的明度

步骤)08 设置"图层 1 拷贝"图层的"不透明度"为 35%，效果如图 5-27 所示。

命令，在弹出的"高斯模糊"对话框中设置"半径"为 2.0 像素，如图 5-28 所示。

图5-27　设置图层的不透明度

步骤)09 选择菜单栏中的"滤镜"|"模糊"|"高斯模糊"

图5-28　设置图像的模糊效果

提示 影子不会是棱角分明的，而且不同的时间段会显示不同的投影效果，也会出现不同的模糊效果，所以可以参考周围模型的影子来调整素材图像投影的模糊效果。

步骤10 继续调整图像的变换，效果如图 5-29 所示。

图5-29　调整图像的变换效果

步骤11 调整植物素材和植物投影的位置后，使用 ☑（多边形套索工具）选择投影到墙体上的影子区域，如图 5-30 所示。

图5-30　创建选区

步骤12 创建选区后，按 Ctrl+X 快捷键和 Ctrl+V 快捷键，剪切并粘贴图像到"图层 2"图层中，调整图像的变换效果，如图 5-31 所示。

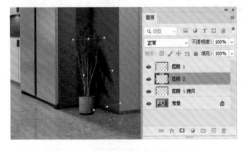

图5-31　调整图像的变换效果

步骤13 设置图像的"不透明度"为 30%，效果如图 5-32 所示。

图5-32　调整图像的不透明度

步骤14 按 Ctrl+Shift+Alt+E 快捷键，盖印图像到新的"图层 3"图层中，并在花盆的底端使用 ◯.（椭圆选框工具）创建椭圆选区，如图 5-33 所示。

图5-33　盖印图像

步骤15 选择菜单栏中的"选择"|"修改"|"羽化"命令，在弹出的"羽化选区"对话框中设置"羽化半径"为 10 像素，单击"确定"按钮，如图 5-34 所示。

图5-34　设置羽化参数

注意 由于植物素材没有明暗渐变的色调，但一般情况下花盆的底端会有一个暗部区域，所以接下来将调整花盆底端的暗调。

步骤16 按 Ctrl+M 快捷键，在弹出的"曲线"对话框中调整曲线，降低图像的明度，如图 5-35 所示。

步骤17 按住 Ctrl 键单击"图层 1"图层缩览图，将其载入选区；然后选择盖印的"图层 3"图层，如图 5-36 所示。

步骤18 按 Ctrl+M 快捷键，在弹出的"曲线"对话框中调整曲线，如图 5-37 所示。

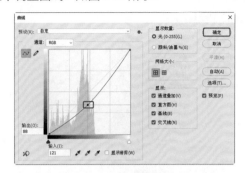

图5-35　调整曲线

图5-36　创建选区

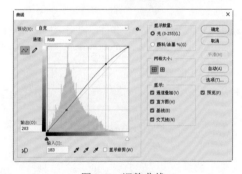

图5-37　调整曲线

步骤 19 完成添加素材和设置投影的最终效果如图 5-38 所示。

图5-38　最终效果

5.2.2　玻璃反射处理

玻璃反射的效果与镜面效果不同，镜面效果可以完整地反射出素材效果，而玻璃反射的效果不会完全反射出对象物体，只有隐约可见的模糊反射效果。下面就来介绍如何制作玻璃上的反射效果。

步骤 01 选择菜单栏中的"文件"|"打开"命令，在弹出的"打开"对话框中选择"素材文件\第5章\玻璃幕.tif"文件，打开的图像如图5-39所示。

图5-39　玻璃幕效果

步骤 02 选择菜单栏中的"文件"|"打开"命令，在弹出的"打开"对话框中选择"素材文件\第5章\鸽子.psd"文件，打开的图像如图 5-40 所示。

图5-40　鸽子素材

步骤 03 将"鸽子"素材图像拖曳到玻璃幕图像中，按 Ctrl+T 快捷键，打开自由变换控制框，等比例缩放鸽子图像，如图 5-41 所示。

图5-41　等比例缩放素材图像

步骤 04 在"图层"面板中设置"图层 1"图层的混合模式为"正片叠底"，设置"不透明度"为

30%，效果如图 5-42 所示。

图5-42 设置图层属性及效果

根据图像的类型设置不同的图层混合模式，或者只设置不透明度而不设置图层混合模式，都可以制作出玻璃反射效果。

5.2.3 水面倒影处理

倒影与投影不同，倒影可以看到素材的效果；而水面上的倒影又与其他的倒影不同，因为水面是有波浪效果的，所以处理倒影时也要有波浪效果，才会显得更加真实。接下来将会介绍如何设置水面上的倒影效果。

步骤)01 选择菜单栏中的"文件"|"打开"命令，在弹出的"打开"对话框中选择"素材文件 \ 第 5 章 \ 水面倒影 .tif"文件，打开的图像如图 5-43 所示。

图5-43 素材图像

步骤)02 选择工具箱中的 ❑.（裁剪工具），在文档窗口中调整裁剪区域，如图 5-44 所示。

图5-44 裁剪图像区域

步骤)03 使用 ❑（矩形选框工具）选择图像区域，按 Ctrl+J 快捷键，复制图像到"图层 1"图层中，如图 5-45 所示。

图5-45 复制图像

步骤)04 按 Ctrl+T 快捷键，打开自由变换控制框，调整"图层 1"图层中的图像，如图 5-46 所示。

图5-46 变换图像

步骤)05 选择菜单栏中的"滤镜"|"扭曲"|"波纹"命令，在弹出的"波纹"对话框中设置"数量"为 214%、"大小"为"中"，单击"确定"按钮，如图 5-47 所示。

图5-47 设置波纹

步骤)06 选择工具箱中的 ❑（渐变工具），在工具选项栏中单击渐变色块，在弹出的"渐变编辑器"对话框中设置渐变颜色，如图 5-48 所示。

步骤)07 在渐变色块的上方选择"不透明度"色标，设置"不透明度"为 70%，如图 5-49 所示。

图5-48　设置渐变

图5-49　设置渐变的不透明度

步骤)08 在"图层"面板的底部单击 ▣（创建新图层）按钮，在新图层中创建水面的渐变颜色，如图5-50所示。

图5-50　填充水面渐变

步骤)09 设置渐变图层的混合模式为"正片叠底"，设置"不透明度"为50%，如图5-51所示。

图5-51　设置图层属性及效果

5.3　天空的处理

本节介绍如何设置建筑效果图后期处理中的天空效果。

5.3.1　拖曳复制天空

拖曳复制天空是指使用 ▶️.（移动工具）将打开的素材拖曳到效果中完成复制。

步骤)01 选择菜单栏中的"文件"|"打开"命令，在弹出的"打开"对话框中选择"素材文件\第5章\建筑.psd"文件，打开的图像如图5-52所示。该效果图中没有背景图像，建筑群后面是透明的区域。

步骤)02 选择菜单栏中的"文件"|"打开"命令，在弹出的"打开"对话框中选择"素材文件\第5章\天空.tif"文件，打开的图像如图5-53所示。该天空图像是作者拍摄的照片，可以将其拖曳复制到建筑效果图中。

图5-52　建筑效果图像　　图5-53　天空素材图像

步骤)03 使用工具箱中的 ▶️.（移动工具）将天空素材图像拖曳复制到建筑效果图中，如图5-54所示。如果素材与建筑的大小不匹配，可以使用"自由变换"命令来调整。

步骤)04 调整天空素材的大小后，可以得到添加天空后的建筑图像效果，如图5-55所示。

图5-54 添加素材到效果图中

图5-55 添加天空后的效果

💡**注意** 在添加天空素材时需要注意的是，天空素材作为配景，应以突出、美化建筑为主，不能喧宾夺主。结构复杂的建筑应选用简单的天空素材作为背景，甚至只用简单的颜色。

5.3.2 使用渐变色绘制天空

渐变色一般适合制作万里无云的晴空，使天空看起来宁静而高远。用这种方法制作的天空给人一种简洁、宁静的感觉，适合主体建筑结构比较复杂的场景。

步骤01 选择菜单栏中的"文件"|"打开"命令，在弹出的"打开"对话框中选择"素材文件\第5章\渐变天空.psd"文件，打开的图像如图5-56所示。

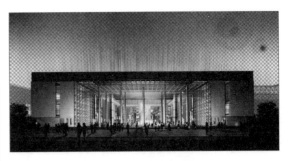

图5-56 建筑图像效果

步骤02 在"图层"面板中创建新图层"图层5"，将其放置到"图层"面板的底部，如图5-57所示。

图5-57 新建图层

步骤03 选择工具箱中的 ▣（渐变工具），然后在工具选项栏中单击渐变色块，在弹出的"渐变编辑器"对话框中设置第一个色标的RGB值为（11、16、31），第二个色标的RGB值为（58、70、137），第三个色标的RGB值为（167、176、207），如图5-58所示。

图5-58 设置填充颜色

步骤04 在文档窗口中由上向下拖曳出填充线，如图5-59所示。

图5-59　拖曳填充线

步骤05 创建填充后的效果如图 5-60 所示。

图5-60　填充后的效果

注意 如果填充一次不能实现满意的效果，那么可以填充多次，也可以随时调整渐变颜色进行填充，直到满意为止。

提示 还可以在有填充图像的情况下新建一个图层，对图层填充后设置图层的混合模式，来完成天空的一种渐变或者调整天空颜色的操作。

5.3.3　添加云彩

在效果图的后期处理中，如果对当前天空不太满意，可以自己制作天空效果，如使用"渐变工具"填充渐变颜色，然后为渐变的天空添加云彩。

步骤01 选择菜单栏中的"文件"|"打开"命令，在弹出的"打开"对话框中选择"素材文件\第5章\住宅后期.psd 和云.tif"文件，打开的图像如图 5-61 所示。

图5-61　打开的素材文件

步骤02 选择工具箱中的 ✐（魔棒工具），在工具选项栏中设置合适的容差值，取消选中"连续"复选框，在图像上选择白色云彩，如图 5-62 所示。

图5-62　创建选区

步骤03 按 Ctrl+C 快捷键，复制选区中的图像，切换到上一节中渐变填充的天空图像，按 Ctrl+V 快捷键，粘贴图像。按 Ctrl+T 快捷键，打开自由变换控制框，调整云彩的大小，如图 5-63 所示。

图5-63　调整云彩大小

步骤04 在"图层"面板中设置图层混合模式为"变亮",如图 5-64 所示。

图5-64 设置图层混合模式

5.3.4 天空的合成

合成天空的颜色、层次更加丰富,也更加具有美感。接下来将介绍如何合成天空。

步骤01 选择菜单栏中的"文件"|"打开"命令,在弹出的"打开"对话框中选择"素材文件\第 5 章\六角亭子 .psd"文件,打开的图像如图 5-65 所示。

步骤02 选择菜单栏中的"文件"|"打开"命令,在弹出的"打开"对话框中选择"素材文件\第 5 章\天空 1.tif"文件,打开的图像如图 5-66 所示。

步骤03 将天空素材图像拖曳到亭子效果图中,按 Ctrl+T 快捷键,打开自由变换控制框,调整图像的大小,如图 5-67 所示。

图5-65 亭子图像效果

图5-66 天空素材效果

图5-67 调整天空的大小

步骤04 在"图层"面板中调整天空图层的位置并选择该图层,如图 5-68 所示。

图5-68 调整天空图层的位置

步骤05 在"图层"面板的底部单击 ▫ (添加蒙版)按钮,为图像创建蒙版。使用 ▣ (渐变工具)为

蒙版图层添加白色到黑色的渐变,由左上角到右下角进行填充即可,如图 5-69 所示。

图5-69 设置蒙版图层的渐变

步骤06 在"图层"面板中设置"图层3"图层的混合模式为"深色",完成的合成天空效果如图5-70所示。

图5-70　设置图层混合模式后的效果

5.4　植物的处理

在效果图的后期处理中,缺少不了植物。而添加植物的注意事项也有很多,如比例、季节等。下面就来介绍后期处理中植物的一般处理方法。

5.4.1　边缘柔化的处理

虽然抠取图像的方法可能不同,但一般都会不同程度地存在边缘问题。接下来将以室内的植物素材为例,介绍如何将生硬的边缘变得柔滑。

步骤01 选择菜单栏中的"文件"|"打开"命令,在弹出的"打开"对话框中选择"素材文件\第5章\客厅日光.psd"文件,打开的图像如图5-71所示。

图5-71　客厅效果图

步骤02 选择菜单栏中的"文件"|"打开"命令,在弹出的"打开"对话框中选择"素材文件\第5章\茶几摆件.psd"文件,打开的图像如图5-72所示。

图5-72　茶几摆件素材图像

步骤03 按住 Ctrl 键,在"图层"面板中单击素材图像的图层缩览图,将素材图像载入选区并拖曳到客厅效果图中,如图5-73所示。

图5-73　将素材图像载入选区并拖入效果图中

步骤04 选择菜单栏中的"选择"|"修改"|"边界"命令,在弹出的"边界选区"对话框中设置"宽度"为5像素,单击"确定"按钮,如图5-74所示。

图5-74　设置边界宽度

步骤05 创建的边界选区如图5-75所示。

图5-75　创建的边界选区

步骤 06 选择菜单栏中的"滤镜"|"模糊"|"高斯模糊"命令,在弹出的"高斯模糊"对话框中设置"半径"为 1 像素,单击"确定"按钮,如图 5-76 所示。

图5-76 设置高斯模糊

步骤 07 设置模糊像素后,按 Ctrl+D 快捷键,将选区取消选择,效果如图 5-77 所示。

图5-77 设置模糊像素后的效果

步骤 08 按 Ctrl+T 快捷键,打开自由变换控制框,在场景中等比例调整图像的大小;按 Ctrl+J 快捷键,复制图像,并调整图层的位置;按 Ctrl+T 快捷键,将素材图像翻转,如图 5-78 所示。

图5-78 翻转复制的图像

步骤 09 使用 ⌧(多边形套索工具)选取茶几以外的图像,如图 5-79 所示。然后按 Delete 键将其删除。

图5-79 删除选区中的图像

步骤 10 设置图层的不透明度,同时调整素材的色调,使其变得协调,如图 5-80 所示。

图5-80 调整素材后的效果

5.4.2 调整植物素材大小的原则

在效果图后期处理中,调整植物素材的大小有以下几个原则。

1. 符合自然规律

植物素材在后期处理中是最为常见的配景,可以通过它来增添效果图的生机。植物素材在后期处理中又分为近景植物、中景植物、远景植物三类。近景植物须根据比例来调整,保持纹理清晰,颜色明亮;中景植物相较近景植物来说,纹理可以次之,但也不可以模糊不清;远景植物要处理得模糊、颜色暗淡些,如图 5-81 所示。

2. 符合季节规律

在添加植物配景时,还要注意所选植物的色调及种类要符合地域和季节特色。

3. 植被疏密有序

在添加植物配景时,并不是种类和数量越多越好,毕竟它的存在是为了陪衬主体建筑。因此,植物配景只要能和主体建筑相映成趣，并注意透视关系和空间关系，切合实际就可以了。

图5-81　植物配景

5.4.3　调整植物与图像相匹配

不同的季节要搭配不同的植物，而不同的季节，植物的色调也不同，下面就以一个植物配景为例介绍搭配方法。

步骤 01 选择菜单栏中的"文件"|"打开"命令，在弹出的"打开"对话框中选择"素材文件\第5章\植物匹配.psd"文件，打开的图像如图5-82所示。该文件是一个含有植物图层的文件，在"图层"面板中选择"图层1"图层。可以看到，图像中植物的叶子是嫩绿色，这种植物一般会出现在春天，嫩绿的树叶很有朝气。

图5-82　植物图像

步骤 02 按 Ctrl+U 快捷键，弹出"色相/饱和度"对话框，如图5-83所示。

步骤 03 将颜色选择为"黄色"，并设置"色相"为+26、"饱和度"为0、"明度"为-19，单击"确定"按钮，如图5-84所示。可以看到，树已经被调整为墨绿色，这样的树适合放置在初夏的效果图中。

图5-83　"色相/饱和度"对话框

图5-84　调整黄色的色调

步骤 04 继续调整树的"明度"为-72，如图5-85所示。此时经过调整的树可以放置在盛夏的效果图中。

图5-85　调整明度

步骤 05 继续设置树的"色相"为+6、"饱和度"为-49、"明度"为-4，效果如图5-86所示。

图5-86　调整色相/饱和度/明度

步骤 06 将颜色选择为"绿色"，并设置"色相"

为 -42、"饱和度"为 -35、"明度"为 +59,如图 5-87 所示。此时的效果可以作为秋天的树。

图5-87 调整绿色

5.5 人像的处理

人像的添加是后期处理中的一个重要步骤,它不仅可以更好地烘托建筑效果,也可以增强效果图的层次感和空间感,使效果图更加贴近生活,更加富有气息。

添加人物素材时需要注意,人物的形象和数量要与建筑的风格相匹配,人物与建筑的透视关系和比例关系要一致,人物的穿着要与建筑所要表现的季节相一致,为人物制作的投影或者倒影要与建筑的整体光照方向一致,而且要有透明感。掌握这些要点之后,下面就来介绍如何添加人物素材。

01 选择菜单栏中的"文件"|"打开"命令,在弹出的"打开"对话框中选择"素材文件\第5章\雪景.psd"文件,打开的图像如图 5-88 所示。

图5-88 建筑图像

步骤02 选择菜单栏中的"文件"|"打开"命令,在弹出的"打开"对话框中选择"素材文件\第5章\冬季人物.psd"文件,打开的图像如图 5-89 所示。

图5-89 人物素材图像

步骤03 在打开的人物素材图像中右击需要的人物素材,在弹出的快捷菜单中选择相应的图层名称,即可选择图像所在的图层。将需要的人物素材图像拖曳到建筑效果图中,如图 5-90 所示。

图5-90 添加的人物素材

步骤04 按 Ctrl+T 快捷键,等比例调整图像大小,如图 5-91 所示。然后调整图层的位置。

图5-91 调整素材的大小

步骤05 按 Ctrl+M 快捷键,在弹出的"曲线"对话框中调整曲线,如图 5-92 所示。

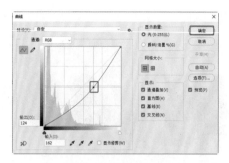

图5-92　调整曲线

步骤06 调整曲线后的图像效果如图 5-93 所示。

图5-93　调整曲线后的效果

步骤07 选择菜单栏中的"图像"|"调整"|"自然饱和度"命令，在弹出的"自然饱和度"对话框中设置"饱和度"为 -31，单击"确定"按钮，如图 5-94 所示。

图5-94　调整饱和度

步骤08 调整人物素材图像饱和度后的效果如图 5-95 所示。

图5-95　调整饱和度后的效果

步骤09 按 Ctrl+J 快捷键，复制人物素材图层，调整复制图层的位置；按 Ctrl+T 快捷键，将人物素

材图像进行翻转并调整角度，制作出影子效果，如图 5-96 所示。

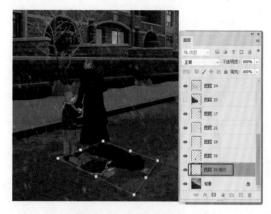

图5-96　制作人物素材图像的倒影

步骤10 按 Ctrl+U 快捷键，在弹出的"色相 / 饱和度"对话框中设置"明度"为 -100，如图 5-97 所示。

图5-97　调整人物倒影的明度

步骤11 选择菜单栏中的"滤镜"|"模糊"|"高斯模糊"命令，在弹出的"高斯模糊"对话框中设置"半径"为 15 像素，单击"确定"按钮，如图 5-98 所示。

图5-98　"高斯模糊"对话框

步骤12 在"图层"面板中，设置图层的"不透明度"为 50%，如图 5-99 所示。

步骤13 继续为效果图添加人物素材，如图 5-100 所示。

图5-99 设置图层不透明度

图5-100 添加人物素材

步骤)14 按 Ctrl+T 快捷键，打开自由变换控制框，调整人物素材的大小，如图 5-101 所示。

图5-101 调整人物的大小

步骤)15 按 Ctrl+J 快捷键，复制人物图层，并调整图层的位置。然后使用"自由变换"命令完成人物的翻转和变形，如图 5-102 所示。

图5-102 复制并调整人物

步骤)16 参照前面人物影子的制作方法制作本人物的影子效果，如图 5-103 所示。

图5-103 制作影子效果

步骤)17 继续为效果图添加人物素材，如图 5-104 所示。

图5-104 添加人物素材

步骤)18 按 Ctrl+T 快捷键，打开自由变换控制框，缩放图像的大小，如图 5-105 所示。

图5-105　调整人物大小

步骤19 参照前面人物影子的制作方法制作本人物的影子效果,如图 5-106 所示。

图5-106　制作影子效果

步骤20 按 Ctrl+M 快捷键,在弹出的"曲线"对话框中调整曲线的形状,如图 5-107 所示。

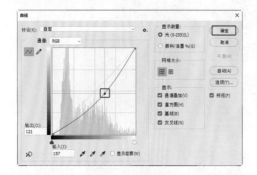

图5-107　调整曲线

步骤21 添加人物后的效果图如图 5-108 所示。

图5-108　添加人物后的效果图

5.6　小结

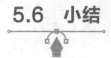

　　本章通过制作几个典型且实用的实例,介绍了效果图中遇到的各种投影和倒影、天空、植物和人像的处理方法,并介绍了如何调整素材的色调来实现效果图的不同效果。希望通过对本章的学习,读者能够灵活运用配景素材的各种处理方法,提高制作水平。

第

6

章

效果图的光效与色彩处理

本章介绍效果图后期制作中光效和色彩的处理。在效果图中，光影效果处理得好坏将直接影响最终表现。在 Photoshop 中可以轻松制作出室内的一些常用光效，如十字星光效果、筒灯投射效果、局部光线的退晕效果等。

课堂学习目标

◇ 了解室内光效的制作方法
◇ 了解室外光效的制作方法
◇ 掌握日景与夜景的转换方法

6.1 室内光效

本节将介绍室内常用的光效设置，其中主要包括暗藏灯光晕、台灯光效、霓虹灯管光效和筒灯光效。

6.1.1 添加暗藏灯光晕

首先使用 （多边形套索工具）在灯池的位置创建填充选区。填充选区后，在内侧创建选区，设置内侧选区的羽化，然后删除图像，即可完成暗藏灯的光晕效果，如图6-1所示。

图6-1 暗藏灯光晕效果

步骤01 选择菜单栏中的"文件"|"打开"命令，在弹出的"打开"对话框中选择"素材文件\第6章\暗藏灯槽o.tif"文件，打开的图像如图6-2所示。

图6-2 打开图像

步骤02 选择工具箱中的 （多边形套索工具），在图像中创建灯池的选区，如图6-3所示。

图6-3 创建灯池选区

步骤03 单击工具箱中的前景色图标，在弹出的"拾色器（前景色）"对话框中设置前景色的RGB值为（255、232、198），如图6-4所示。

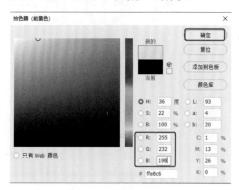

图6-4 设置前景色

步骤04 在"图层"面板的底部单击 （创建新图层）按钮，新建"图层1"图层。按 Alt+Delete 快捷键，将创建的选区填充为前景色，如图6-5所示。填充颜色后，按 Ctrl+D 快捷键，将选区取消选择。

图6-5 填充选区为前景色

步骤05 选择工具箱中的 （多边形套索工具），在填充的颜色内部创建多边形选区，如图6-6所示。

图6-6 创建内侧选区

步骤06 选择菜单栏中的"选择"|"修改"|"羽化"命令，在弹出的"羽化选区"对话框中设置"羽化半径"为30像素，单击"确定"按钮，如图6-7所示。

图6-7 设置羽化参数

步骤07 创建选区后，按 Delete 键，将选区中的图像删除，形成光晕效果，如图 6-8 所示。

图6-8 删除选区中的图像

 注意 光晕的颜色由填充颜色来决定，灯池的光晕大小由内侧选区的羽化半径决定，读者可以根据自己的需要进行设置。

6.1.2 添加台灯光效

台灯光效与暗藏灯光晕的制作方法基本相同。制作的台灯光效如图 6-9 所示。

步骤01 选择菜单栏中的"文件"|"打开"命令，

在弹出的"打开"对话框中选择"素材文件\第6章\台灯 o.tif"文件，打开的图像如图 6-10 所示。

图6-9 台灯光效　　　　图6-10 台灯素材

步骤02 选择工具箱中的 🔲（多边形套索工具），在台灯灯罩的区域创建选区，如图 6-11 所示。

图6-11 创建台灯选区

步骤03 单击工具箱中的前景色图标，在弹出的"拾色器（前景色）"对话框中设置前景色的 RGB 值为（255、241、221），如图 6-12 所示。

图6-12 设置前景色

步骤04 在"图层"面板的底部单击 🔲（创建新图层）按钮，新建"图层 1"图层。确定选区处于选中状态，按 Alt+Delete 快捷键，填充选区为前景色，如图 6-13 所示。填充选区后，按 Ctrl+D 快捷键，取消选区的选择。

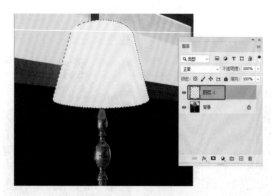

图6-13 创建图层并填充选区

步骤05 设置填充图层的混合模式为"叠加",如图 6-14 所示。

图6-14 设置图层的混合模式

步骤06 在"图层"面板的底部单击 □(创建新图层)按钮,新建"图层 2"图层。选择工具箱中的 □(矩形选框工具),在台灯的下方创建矩形区域。按 Alt+Delete 快捷键,填充选区为前景色,如图 6-15 所示。填充选区后,按 Ctrl+D 快捷键,将选区取消选择。

图6-15 创建并填充选区

步骤07 选择工具箱中的 □(矩形选框工具),在填充的颜色下方创建矩形选区。选择菜单栏中的"选择"|"修改"|"羽化"命令,在弹出的"羽化选区"对话框中设置"羽化半径"为 80 像素,单击"确定"按钮,如图 6-16 所示。

图6-16 创建矩形选区并羽化

步骤08 设置羽化后,按 Delete 键删除选区中的图像,如图 6-17 所示。按 Ctrl+D 组合键,取消选区的选择。

图6-17 删除选区中的图像

步骤09 按 Ctrl+T 快捷键,打开自由变换控制框并右击,在弹出的快捷菜单中选择"透视"命令,调整图像,如图 6-18 所示。

步骤10 使用 ☑(多边形套索工具)将遮挡住灯罩作为光效的图像区域删除,如图 6-19 所示。

步骤11 选择作为光效的图像及其所在的图层后,再选择菜单栏中的"滤镜"|"模糊"|"高斯模糊"命令,在弹出的"高斯模糊"对话框中设置"半径"为 5 像素,单击"确定"按钮,如图 6-20 所示。

图6-18 调整图像的变形

图6-19 删除遮挡灯罩的光效区域

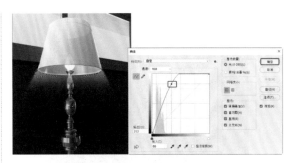

图6-22 调整光效图像的曲线

步骤14 完成的台灯光效如图 6-23 所示。

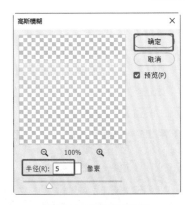

图6-20 设置模糊参数

步骤12 设置光效图层的"不透明度"为 50%，如图 6-21 所示。

图6-23 调整后的台灯光效

6.1.3 制作霓虹灯管光效

霓虹灯效果可以在室外或一些工装效果图中看到，它也是室内比较常见的一种光效。本节将介绍如何制作室内霓虹灯管光效，如图 6-24 所示。

图6-24 霓虹灯效果

步骤01 选择菜单栏中的"文件"|"打开"命令，在弹出的"打开"对话框中选择"素材文件\第6章\霓虹灯 o.tif"文件，打开的图像如图 6-25 所示。

步骤02 选择工具箱中的 T.（横排文字工具），在打开的素材图像中创建两排文本，在工具选项栏中选择合适的字体，如图 6-26 所示。

图6-21 设置图层的不透明度

步骤13 按住 Ctrl 键，单击光效图层的缩览图，将其载入选区，并选择"背景"图层。按 Ctrl+M 快捷键，在弹出的"曲线"对话框中调整曲线，如图 6-22 所示。

图6-25　素材图像

图6-26　创建文本

步骤 03 选择创建的两个文本图层，如图 6-27 所示。

注意 不能直接为文本图层施加任何滤镜效果，所以在应用滤镜时，首先要将文本图层栅格化。栅格化后的文本图层将变为普通图层。

步骤 04 按 Ctrl+E 快捷键，将选择的文本图层合并，如图 6-28 所示。

图6-27　选择图层

图6-28　合并文本图层

提示 将两个文本图层合并后，即可得到一个普通图层，然后可以对其进行特殊效果编辑。

步骤 05 选择菜单栏中的"滤镜"|"模糊"|"高斯模糊"命令，在弹出的"高斯模糊"对话框中设置"半径"为 1.5 像素，单击"确定"按钮，如图 6-29 所示。

图6-29　设置文字模糊

步骤 06 按 Ctrl+U 快捷键，打开"色相/饱和度"对话框，选中"着色"复选框，并设置"色相"为 +40、"饱和度"为 +100、"明度"为 −36，如图 6-30 所示。设置文字为黄色。

图6-30　设置色相/饱和度

步骤 07 双击文本所在的图层，在弹出的"图层样式"对话框中选中"内发光"选项，在右侧的"内发光"面板中设置"混合模式"为"正常"、"不透明度"为 60%、颜色为橘红色、"阻塞"为 0、"大小"为 7 像素，如图 6-31 所示。

步骤 08 选中"外发光"选项，在右侧的"外发光"面板中设置"混合模式"为"滤色"、"不透明度"

为 55%、颜色为橘红色、"扩展"为 2%、"大小"为 15 像素，如图 6-32 所示。

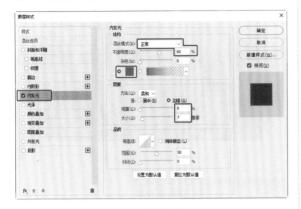

图6-31 设置内发光

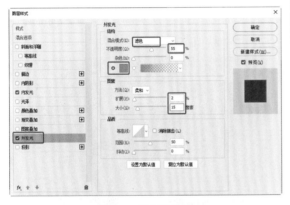

图6-32 设置外发光

步骤 09 选择工具箱中的 （多边形套索工具），在文字的周围创建选区，如图 6-33 所示。

图6-33 创建选区

步骤 10 选择菜单栏中的"选择"|"修改"|"羽化"命令，在弹出的"羽化选区"对话框中设置"羽化半径"为 20 像素，单击"确定"按钮，如图 6-34 所示。

步骤 11 在"图层"面板中选择"背景"图层，然后

单击底部的 （创建新图层）按钮，创建一个新的图层。设置前景色为橘红色，按 Alt+Delete 快捷键，将选区填充为橘红色，如图 6-35 所示。

图6-34 设置羽化

图6-35 填充选区为橘红色

步骤 12 按 Ctrl+D 快捷键，取消选区的选择。设置图层混合模式为"亮光"，设置"不透明度"为 30%，如图 6-36 所示。

图6-36 设置图层属性

步骤 13 如果对发光的图像颜色不满意，可以使用"色相 / 饱和度"命令对其进行调整，直到满意为止，如图 6-37 所示。

步骤 14 双击文本图层，在弹出的"图层样式"对话框中选中"投影"选项，在右侧的"投影"面板中设置"不透明度"为 35%、"距离"为 10 像素、"扩展"为 0、"大小"为 13 像素，如图 6-38 所示。

步骤 15 选中"斜面和浮雕"选项，在右侧的"斜面和浮雕"面板中设置"样式"为"内斜面"、"深度"为 154%、"大小"为 8 像素、"软化"为 7 像素，如图 6-39 所示。

图6-40 霓虹灯的发光效果

6.1.4 制作筒灯光效

模拟筒灯光效有照亮墙体的灯光效果，还有十字光芒效果。下面首先介绍筒灯照射在墙面上的光效，如图 6-41 所示。

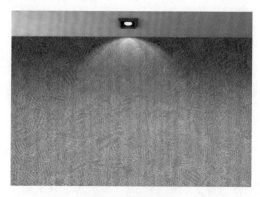

图6-41 筒灯光效

步骤 01 选择菜单栏中的"文件"|"打开"命令，在弹出的"打开"对话框中选择"素材文件\第6章\筒灯光效 o.tif"文件，打开的图像如图 6-42 所示。

图6-42 素材图像

步骤 02 选择工具箱中的 ⬭（椭圆选框工具），在筒灯的位置创建椭圆选区，如图 6-43 所示。

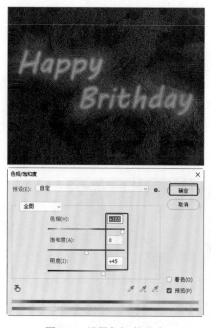

图6-37 设置色相/饱和度

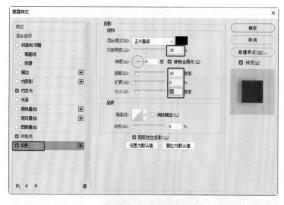

图6-38 设置投影

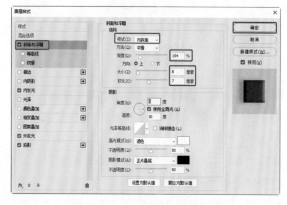

图6-39 设置斜面和浮雕

步骤 16 这样就制作出了霓虹灯的发光效果，如图 6-40 所示。

图6-43 创建椭圆选区

步骤03 选择工具箱中的 ▣（渐变工具），在工具选项栏中单击渐变色块，在弹出的"渐变编辑器"对话框中设置渐变色为白色，设置第一个色块的"不透明度"为 51%，设置第二个色块的"不透明度"为 0%，如图 6-44 所示。

图6-44 设置渐变

步骤04 在"图层"面板的底部单击 ▣（创建新图层）按钮，创建一个新的"图层 1"图层，并在椭圆选区中拖曳填充渐变，如图 6-45 所示。选区填充渐变后，按 Ctrl+D 快捷键，取消选区的选择。

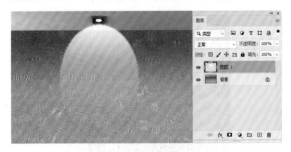

图6-45 新建并填充图层

步骤05 选择菜单栏中的"滤镜"|"模糊"|"高斯模糊"命令，在弹出的"高斯模糊"对话框中设置"半径"为 15.0 像素，单击"确定"按钮，如图 6-46 所示。

步骤06 按 Ctrl+J 快捷键，复制当前图层为"图层 1

拷贝"图层，接着隐藏复制出的图层。选择"图层 1"图层，设置该图层混合模式为"叠加"，如图 6-47 所示。

图6-46 设置图像的模糊

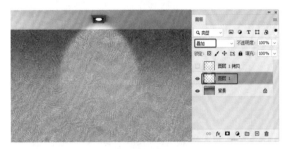

图6-47 设置图层混合模式

步骤07 按 Ctrl+J 快捷键，复制当前图层为"图层 1拷贝 2"图层，如图 6-48 所示。

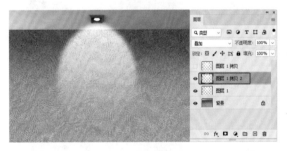

图6-48 复制图层

步骤08 显示"图层 1 拷贝"图层，设置该图层混合模式为"正常"，设置"不透明度"为 40%，如图 6-49 所示。

图6-49 设置图层属性

步骤09 可以对作为光照的图像进行变形，如图 6-50 所示，完成筒灯光照效果。

图6-50 调整光照的变形

接下来将介绍如何制作筒灯的十字光芒，效果如图 6-51 所示。

图6-51 筒灯十字光芒效果

步骤10 选择菜单栏中的"文件"|"打开"命令，在弹出的"打开"对话框中选择"素材文件\第6章\筒灯十字光芒 o.jpg"文件，打开的图像如图 6-52 所示。

图6-52 素材图像

步骤11 制作十字光芒的方法有多种，下面将介绍最为常用的两种。首先使用"画笔工具"来绘制十字

星形。选择工具箱中的 ✐（画笔工具），在工具选项栏中选择画笔类型为星形（可以下载一些星形工具），在筒灯的位置绘制星形，如图 6-53 所示。

图6-53 绘制星形

步骤12 通过调整笔刷的大小来绘制筒灯的远近光芒效果，如图 6-54 所示。

图6-54 绘制星形光芒

步骤13 最常用也是效果最好的另一种方法，就是使用光芒素材。选择菜单栏中的"文件"|"打开"命令，在弹出的"打开"对话框中选择"素材文件\第6章\光晕 .psd"文件，打开的图像如图 6-55 所示。

图6-55 光晕素材图像

步骤14 将光晕素材拖曳到效果图中，将图层混合模式设置为"滤色"，调整素材的大小，将其放置到筒灯的位置，如图 6-56 所示。

图6-56 设置图层混合模式

步骤15 复制并调整素材的位置和大小，如图 6-57 所示。

图6-57 复制并调整后的效果

6.2 室外光效

下面将以实例的方式介绍室外光效的制作方法。

6.2.1 制作汽车的流光光效

汽车流光效果是指夜景中汽车灯光显现出的一种动态疾驰光效。本例将使用"矩形选框工具"创建选区并填充颜色，设置图像的杂色和动感模糊，然后调整形状制作出流光光效，如图 6-58 所示。

步骤01 选择菜单栏中的"文件"|"打开"命令，在弹出的"打开"对话框中选择"素材文件\第6章\汽车流光.tif"文件，打开的图像如图 6-59 所示。

步骤02 单击工具箱中的前景色图标，在弹出的"拾色器（前景色）"对话框中设置 RGB 值为（255、60、0），如图 6-60 所示。

图6-58 流光效果

图6-59 素材图像

图6-60 设置前景色

步骤03 单击"图层"面板底部的 回（创建新图层）按钮，新建"图层1"图层。使用 回（矩形选框工具）在图像中绘制矩形，按 Alt+Delete 快捷键，将选区填充为前景色，如图 6-61 所示。

步骤04 选择菜单栏中的"滤镜"|"杂色"|"添加杂色"命令，在弹出的"添加杂色"对话框中设置合适的杂色数量，并选中"高斯分布"单选按钮和"单色"复选框，单击"确定"按钮，如图 6-62 所示。

步骤05 按 Ctrl+D 快捷键，取消选区的选择。选择菜单栏中的"滤镜"|"模糊"|"动感模糊"命令，在弹出的"动感模糊"对话框中设置"角度"为 0 度、"距离"为 277 像素，单击"确定"按钮，如图 6-63 所示。

图6-61 创建选区并填充前景色

 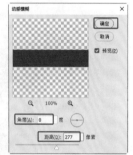

图6-62 添加杂色　　图6-63 设置动感模糊参数

步骤 06 按住 Ctrl 键单击"图层 1"图层缩览图，将图层载入选区，如图 6-64 所示。

图6-64 载入图层选区

步骤 07 选择菜单栏中的"选择"|"修改"|"羽化"命令，在弹出的"羽化选区"对话框中设置"羽化半径"为 8 像素，如图 6-65 所示。

图6-65 设置羽化

步骤 08 选择菜单栏中的"选择"|"反选"命令，反选图像；按 Delete 键，将反选的图像删除，如图 6-66 所示。

图6-66 反选并删除图像

步骤 09 按 Ctrl+T 快捷键，打开自由变换控制框，调整图像的大小，并对作为流光的图像进行复制，如图 6-67 所示。

图6-67 复制图像

提示 在制作汽车流光时，可以看到如图 6-68 所示的汽车效果。该汽车可能处于静止和慢速前进状态，所以其流光效果很淡，也可以为汽车设置一个较强的动感模糊效果来更好地表现疾驰的汽车。

步骤 10 按住 Ctrl 键，选择所有的流光图层；按 Ctrl+E 快捷键将其合并，作为流光的图层。选择工具箱中的 ◢ （橡皮擦工具），设置合适的橡皮擦参数，擦除流光图像至合适的效果，如图 6-68 所示。

图6-68 擦除图像

6.2.2 制作城市光柱光效

下面将用一个建筑效果图来介绍如何制作城市光柱效果，主要操作为复制图像，并设置图像的动感模糊效果，如图 6-69 所示。

步骤 01 选择菜单栏中的"文件"|"打开"命令，在弹出的"打开"对话框中选择"素材文件\第6章\制作城市光柱光效 o.psd"文件，打开的图像如图 6-70 所示。

图6-69　城市光柱效果　　　图6-70　素材图像

步骤 02 按住 Ctrl 键单击"建筑"图层缩览图，将建筑载入选区，如图 6-71 所示。

图6-71　载入建筑选区

步骤 03 选择工具箱中的 □（矩形选框工具），按住 Alt 键减选建筑底部，如图 6-72 所示。

图6-72　减选建筑区域

步骤 04 按 Ctrl+J 快捷键，将选区中的建筑区域复制到新的图层中，如图 6-73 所示。

图6-73　复制图像到新的图层

步骤 05 选中新的图层，按 Ctrl+M 快捷键，在弹出的"曲线"对话框中调整曲线的形状，如图 6-74 所示。

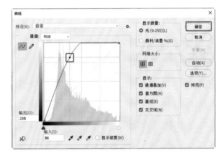

图6-74　调整曲线形状

步骤 06 调整曲线后的图像效果如图 6-75 所示。

步骤 07 选择菜单栏中的"滤镜"|"模糊"|"动感模糊"命令，在弹出的"动感模糊"对话框中设置"角度"为 90 度、"距离"为 1155 像素，单击"确定"按钮，如图 6-76 所示。

 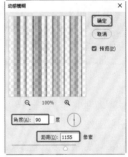

图6-75　调整曲线后的　　图6-76　设置动画模糊效果
　　　　图像效果

步骤 08 设置后的动感模糊效果如图 6-77 所示。

步骤 09 在"图层"面板中，将设置动感模糊效果的图层放置到"建筑"图层的下方，效果如图 6-78 所示。

图6-77　动感模糊效果　　图6-78　调整图层位置后的效果

提示 动感模糊效果可以根据效果图的大小来设置"距离"，较大的图像可以设置较大的"距离"。

6.2.3　制作玻璃强光光效

　　玻璃在正午阳光照射十足的情况下会出现一种玻璃强光的光效。下面将使用"镜头光晕"命令制作玻璃强光光效，如图6-79所示。

图6-79　玻璃强光光效

步骤01 选择菜单栏中的"文件"|"打开"命令，在弹出的"打开"对话框中选择"素材文件\第6章\玻璃强光光效 o.tif"文件，打开的图像如图6-80所示。

步骤02 选择菜单栏中的"滤镜"|"渲染"|"镜头光晕"命令，在弹出的"镜头光晕"对话框中设置"亮度"为70%，设置"镜头类型"为"50-300毫米变焦"，如图6-81所示。

图6-80　素材图像

图6-81　设置镜头光晕

步骤03 添加镜头光晕的效果如图6-82所示。

图6-82　添加镜头光晕的效果

提示 光晕效果的参数也是根据情况进行设置的。在使用各种工具制作图像效果时，要会活学活用，灵活使用所学的知识可调整出需要的图像效果。

6.2.4 制作太阳光束光效

太阳光束在室内外都是经常用来表现光照的一种手法，起到装饰和点缀的作用。要增添效果图的自然光效，通过创建选区图像，并设置图像的动感模糊，可制作出太阳光束光效，如图6-83所示。

图6-83 太阳光束光效

步骤)01 选择菜单栏中的"文件"|"打开"命令，在弹出的"打开"对话框中选择"素材文件\第6章\太阳光束光效 o.jpg"文件，打开的图像如图6-84所示。

图6-84 素材图像

步骤)02 选择工具箱中的 🪄（魔棒工具），在工具选项栏中选中"连续"复选框，按住 Shift 键选择如图6-85所示的区域。

图6-85 创建选区

步骤)03 单击"图层"面板底部的 🗔（创建新图层）按钮，新建一个图层，然后填充选区为白色；接

着反选选区，填充选区为黑色。填充后的效果如图6-86所示。

图6-86 填充选区

步骤)04 按 Ctrl+D 快捷键，取消选区的选择。选择菜单栏中的"滤镜"|"模糊"|"动感模糊"命令，在弹出的"动感模糊"对话框中设置"角度"为80度、"距离"为853像素，单击"确定"按钮，如图6-87所示。

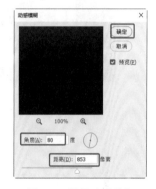

图6-87 设置动感模糊

步骤)05 动感模糊效果设置完成后，设置图层混合模式为"滤色"，如图6-88所示。

图6-88 设置图层混合模式

步骤)06 使用 🧽（橡皮擦工具）擦除多余的光感，效果如图6-89所示。

步骤)07 如果光效不足，可以对作为光效的图层进行复制，并设置一个合适的"不透明度"，如图6-90所示。

图6-89 擦除多余的光感

图6-90 复制图层后的效果

除此之外，还可以对制作的光效进行变形，使效果更加逼真，这里就不再详细介绍了。

6.3 将日景转换为黄昏效果

将日景转换为黄昏效果主要通过更换素材以及调整建筑的色调来实现。下面主要介绍如何使用各种调整色调命令将日景转换为黄昏，效果如图6-91所示。

图6-91 黄昏效果

步骤)01 选择菜单栏中的"文件"|"打开"命令，在弹出的"打开"对话框中选择"素材文件\第6章\将日景转换为黄昏 o.tif"文件，打开的图像如图 6-92 所示。

图6-92 打开的素材图像

步骤)02 按 Ctrl+J 快捷键，复制"背景"图层为"图层 1"图层，然后将"图层 1"图层隐藏，如图 6-93 所示。

步骤)03 选择"背景"图层，在菜单栏中选择"图像"|"调整"|"照片滤镜"命令，在弹出的对话

框中选择"使用"|"滤镜"|Warming Filter（85），设置"密度"为100%，单击"确定"按钮，如图 6-94 所示。

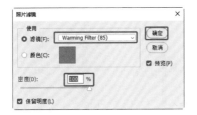

图6-93　复制图层　　图6-94　设置照片滤镜

步骤)04 按 Ctrl+M 快捷键，在弹出的"曲线"对话框中调整曲线的形状，如图 6-95 所示。

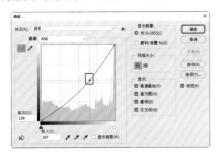

图6-95　调整曲线

步骤)05 调整曲线后的图像如图 6-96 所示。

图6-96　调整曲线后的图像

步骤)06 按 Ctrl+L 快捷键，在弹出的对话框中调整色阶的参数为 0、0.7、255，如图 6-97 所示。

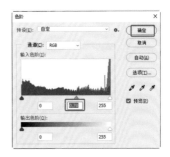

图6-97　调整色阶的参数

步骤)07 显示出"图层 1"，并设置图层的"不透明度"为 30%，如图 6-98 所示。

图6-98　设置图层的不透明度

6.4　小结

本章通过制作几个常用的光效，介绍了各种因为灯光问题而产生缺憾的效果图的改进方法。希望通过制作各种常用的室内外光效，读者能够灵活运用各种工具和命令，修补在制作中遇到的各种因为光效而造成的缺憾效果图。

第
7
章

制作各种常用纹理贴图

在室内外建筑效果图的制作过程中，用到的贴图一般都是从备用的材质库中直接调用的现成素材。然而，在实际工作中有时很难找到一张完全称心的贴图，这时就可以用 Photoshop 软件制作自己需要的贴图，或者对不适用的贴图进行编辑修改，以满足自己对材质及造型的需求。

课堂学习目标

◇ 了解并掌握无缝贴图的制作方法
◇ 了解并掌握金属质感贴图的制作方法
◇ 了解并掌握木纹质感贴图的制作方法
◇ 了解并掌握布纹质感贴图的制作方法
◇ 了解并掌握石材质感贴图的制作方法
◇ 了解并掌握草地贴图的制作方法

7.1 制作无缝贴图

在三维渲染中经常会用到一些无缝贴图，无缝贴图不能通过拍照得到，而是需要通过后期处理软件进行处理，其中主要会用到"位移"命令和"仿制图章工具"。图 7-1 所示为生成无缝贴图前后的对比效果。

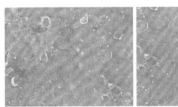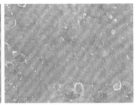

图7-1　无缝贴图的前后对比

步骤)01 打开"素材文件 \ 第 7 章 \ 无缝贴图 o.jpg"文件，选择菜单栏中的"滤镜"|"其他"|"位移"命令，在弹出的"位移"对话框中设置合适的位移参数，如图 7-2 所示。

图7-2　设置位移参数

步骤)02 设置位移后，图像中可以看到明显的分界，这里需要使用 ▲.（仿制图章工具）在分界的周围按住 Alt 键点取源区域，然后在分界上绘制；重复拾取源和绘制，直至将分界擦除，如图 7-3 所示。

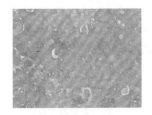

图7-3　擦除分界

这样无缝贴图就制作完成了，可以将其应用到三维模型的贴图中。

7.2 制作金属质感贴图

金属材质在效果图制作中主要包括不锈钢、黄金或黄铜以及生锈的金属等，它们都有自己的表现效果。

7.2.1 制作拉丝不锈钢质感贴图

在自然界中，不锈钢以其特殊金属纹理和光泽度受到艺术家们的关注，又因其不容易生锈深得广大消费者的喜爱。图 7-4 所示为拉丝不锈钢的质感效果。

图7-4　拉丝不锈钢质感效果

步骤)01 新建一个文件，设置"宽度"和"高度"均为 500 像素，"分辨率"为 72 像素 / 英寸，"颜色模式"为"灰度"，如图 7-5 所示。

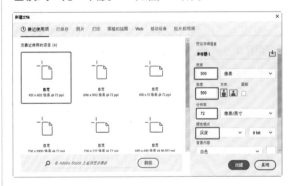

图7-5　新建文件

步骤)02 按 D 键，设置默认的前景色和背景色，如图 7-6 所示。

步骤)03 选择菜单栏中的"滤镜"|"渲染"|"云彩"命令，执行多次操作，直到得到满意的图像效果，如图 7-7 所示。

步骤)04 选择菜单栏中的"滤镜"|"模糊"|"高斯模糊"命令，在弹出的"高斯模糊"对话框中设置"半径"

为 18 像素，如图 7-8 所示。

图7-6　设置默认的前景色和背景色　图7-7　设置云彩效果

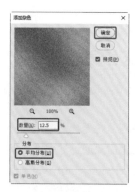 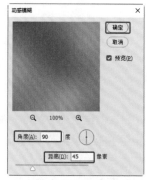

图7-9　添加杂色　　图7-10　设置动感模糊

图7-8　设置图像的模糊效果

图7-11　设置渐变填充

步骤)05 选择菜单栏中的"滤镜"|"杂色"|"添加杂色"命令，在弹出的"添加杂色"对话框中设置"数量"为 12.5%，选择"分布"为"平均分布"，如图 7-9 所示。

步骤)06 选择菜单栏中的"滤镜"|"模糊"|"动感模糊"命令，在弹出的"动感模糊"对话框中设置"角度"为 90 度、"距离"为 45 像素，如图 7-10 所示。

步骤)07 单击"图层"面板底部的 ◎（创建新的填充或调整图层）按钮，在弹出的下拉菜单中选择"渐变"命令，在弹出的"渐变填充"对话框中选择一种金属类型的填充方式，如图 7-11 所示。

步骤)08 创建填充后，选择填充图层，设置图层的混合模式为"正片叠底"，如图 7-12 所示。

图7-12　设置图层混合模式

步骤)09 单击"图层"面板底部的 ◎（创建新的填充或调整图层）按钮，在弹出的下拉菜单中选择"色阶"命令，在"属性"面板中设置色阶为 0、0.87、151，如图 7-13 所示。

步骤)10 将制作的拉丝不锈钢质感效果进行存储，操作就不再详细介绍了。

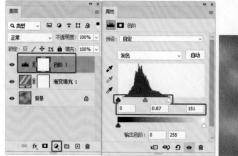 

图7-13　设置色阶

7.2.2 制作液态金属质感贴图

液态金属是一种有黏性的流体，流动时具有不稳定性，主要用于消费电子领域，具有熔融后塑形能力强、高硬度、抗腐蚀、高耐磨等特点，如图7-14所示。

图7-14 液态金属质感效果

步骤01 新建一个文件，设置"宽度"和"高度"均为500像素，"分辨率"为72像素/英寸，"颜色模式"为"RGB颜色"，如图7-15所示。

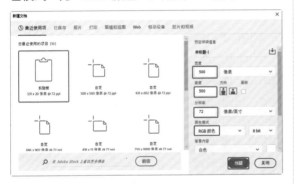

图7-15 新建文件

步骤02 按D键，恢复默认的前景色和背景色，如图7-16所示。

图7-16 恢复默认的前景色和背景色

步骤03 选择菜单栏中的"滤镜"|"杂色"|"添加杂色"命令，在弹出的"添加杂色"对话框中设置"数量"为400%，选择"分布"为"高斯分布"，并选中"单色"复选框，如图7-17所示。

图7-17 添加杂色

步骤04 选择菜单栏中的"滤镜"|"像素化"|"晶格化"命令，在弹出的"晶格化"对话框中设置"单元格大小"为12，如图7-18所示。

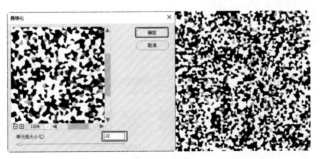

图7-18 晶格化

步骤05 选择菜单栏中的"滤镜"|"滤镜库"命令，在弹出的滤镜库中选择"风格化"|"照亮边缘"，设置"边缘宽度"为2、"边缘亮度"为6、"平滑度"为5，如图7-19所示。

步骤06 设置前景色为黑色、背景色为白色。选择菜单栏中的"滤镜"|"渲染"|"分层云彩"命令，效果如图7-20所示。

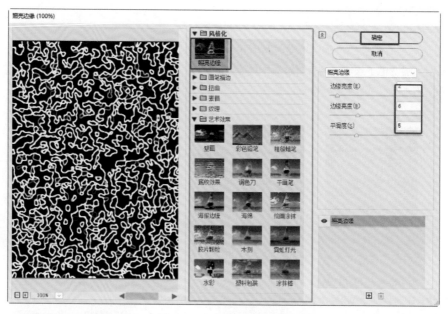

图7-19　设置照亮边缘参数

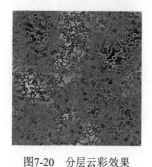

图7-20　分层云彩效果

步骤 07 选择菜单栏中的"滤镜"|"滤镜库"命令，

在弹出的滤镜库中选择"素描"|"铬黄渐变"，设置"细节"为4、"平滑度"为7，如图 7-21 所示。

步骤 08 选择菜单栏中的"图像"|"调整"|"色彩平衡"命令，在弹出的"色彩平衡"对话框中设置阴影的"色阶"为 +26、+24、−26，如图 7-22 所示。

步骤 09 设置中间调的"色阶"为 +52、+8、−64，如图 7-23 所示。

步骤 10 设置高光的"色阶"为 +52、+18、−62，如图 7-24 所示。

图7-21　设置铬黄渐变参数

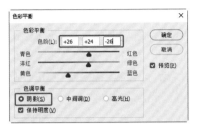

图7-22 设置阴影色阶　　　　图7-23 设置中间调色阶　　　　图7-24 设置高光色阶

步骤11 设置色彩平衡后的效果如图 7-25 所示。

步骤12 选择菜单栏中的"图像"|"调整"|"色阶"命令，在弹出的"色阶"对话框中设置各项参数，如图 7-26 所示，完成液态金属质感贴图。

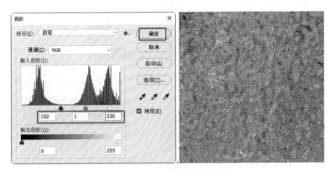

图7-25 设置色彩平衡的效果　　　　图7-26 调整图像的色阶

提示 在制作贴图时，参数不是固定的。这里给的参数只是一个参考，读者可以根据自己的情况进行设置，学会灵活运用参数。

7.2.3 制作铁锈金属质感贴图

铁锈金属是铁制品风化后自然形成的一种效果。本节介绍如何使用 Photoshop 制作铁锈金属质感贴图，如图 7-27 所示。

步骤01 新建一个文件，设置"宽度"和"高度"均为 500 像素，"分辨率"为 72 像素 / 英寸，"颜色模式"为"RGB 颜色"，如图 7-28 所示。

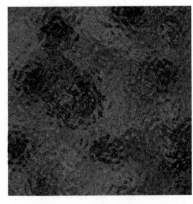

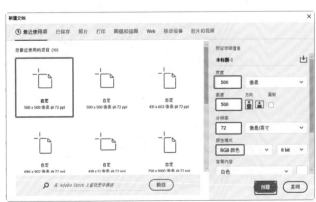

图7-27 铁锈金属质感效果　　　　图7-28 新建文件

步骤)02 选择菜单栏中的"滤镜"|"渲染"|"云彩"命令，多次按 Alt+Ctrl+F 快捷键设置出需要的云彩效果，如图 7-29 所示。

步骤)03 继续选择菜单栏中的"滤镜"|"渲染"|"分层云彩"命令，多次按 Alt+Ctrl+F 快捷键设置出需要的分层云彩效果，如图 7-30 所示。

步骤)04 选择菜单栏中的"滤镜"|"渲染"|"光照效果"命令，进入光照效果界面，在"属性"面板中设置"光照效果"的灯光类型为"点光"，设置"颜色"为橘黄色，设置"强度"为79，设置"曝光度"为0、"光泽"为0、"金属质感"为100、"环境"为21，"纹理"选择"蓝"通道，如图 7-31 所示。参数设置完成后，在选项栏中单击"确定"按钮。

步骤)05 选择菜单栏中的"滤镜"|"滤镜库"命令，在弹出的滤镜库中选择"艺术效果"|"塑料包装"，设置"高光强度"为 20、"细节"为 15、"平滑度"为 15，如图 7-32 所示。

步骤)06 选择菜单栏中的"滤镜"|"扭曲"|"波纹"命令，在弹出的"波纹"对话框中设置"数量"为999%，单击"确定"按钮，如图 7-33 所示。

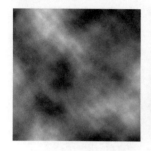

图7-29 设置云彩　　　图7-30 设置分层云彩

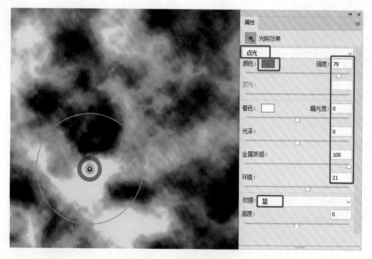

图7-31 设置光照效果

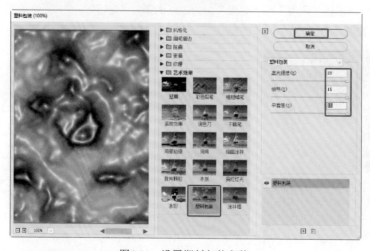

图7-32 设置塑料包装参数

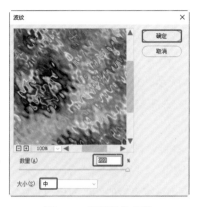

图7-33 设置波纹参数

步骤)07 设置波纹滤镜后的效果如图 7-34 所示。

图7-34 波纹效果

步骤)08 选择菜单栏中的"滤镜"|"滤镜库"命令，在弹出的滤镜库中选择"扭曲"|"玻璃"，设置"扭曲度"为 20、"平滑度"为 7、"缩放"为 70%，如图 7-35 所示。

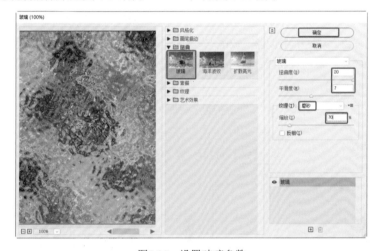

图7-35 设置玻璃参数

步骤)09 设置玻璃滤镜后的效果如图 7-36 所示。

步骤)10 选择菜单栏中的"滤镜"|"渲染"|"光照效果"命令，进入光照效果界面，在"属性"面板中设置"光照效果"的灯光类型为"点光"，设置"颜色"为黑褐色，设置"强度"为 -100，设置"曝光度"为 0、"光泽"为 0、"金属质感"为 90、"环境"为 17，"纹理"选择"红"通道，设置"高度"为 25，如图 7-37 所示。参数设置完成后，在选项栏中单击"确定"按钮。

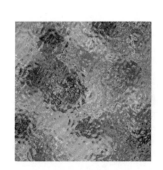

图7-36 玻璃效果

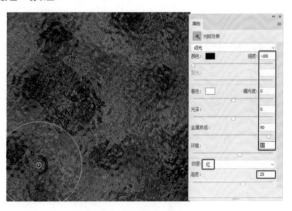

图7-37 设置光照效果

7.3　制作木纹质感贴图

本节介绍木纹质感贴图的制作方法，效果如图 7-38 所示。

步骤 01 新建一个文件，设置"宽度"和"高度"均为 500 像素，设置"分辨率"为 72 像素 / 英寸，如图 7-39 所示。

步骤 02 按 D 键，恢复默认的前景色和背景色。选择菜单栏中的"滤镜"|"杂色"|"添加杂色"命令，在弹出的"添加杂色"对话框中设置"数量"为 400%，选择"分布"为"高斯分布"，选中"单色"复选框，如图 7-40 所示。

步骤 03 选择菜单栏中的"滤镜"|"模糊"|"动感模糊"命令，在弹出的"动感模糊"对话框中设置"角度"为 90 度、"距离"为 35 像素，如图 7-41 所示。

步骤 04 在"图层"面板中新建"图层 1"图层，如图 7-42 所示。设置背景色为默认的白色，按 Ctrl+Delete 快捷键，将该图层填充为白色，如图 7-43 所示。

步骤 05 按 D 键，恢复前景色和背景色，选择菜单栏中的"滤镜"|"渲染"|"云彩"命令，执行多次操作，直到获得满意的图像效果，如图 7-44 所示。

步骤 06 将"图层 1"图层的混合模式设置为"亮光"，设置"不透明度"为 40%，如图 7-45 所示。

步骤 07 双击"背景"图层，在弹出的"新建图层"对话框中使用默认的参数，单击"确定"按钮，将背景图层转换为普通图层，如图 7-46 所示。

步骤 08 按 Ctrl+T 快捷键，打开自由变换控制框，旋转图像的角度，如图 7-47 所示。

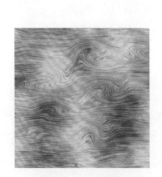

图7-38　木纹质感效果

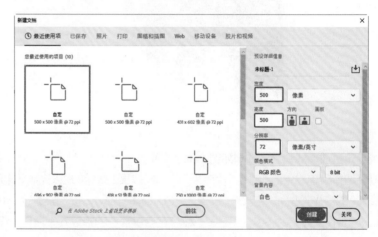

图7-39　新建文件

图7-40　设置添加杂色

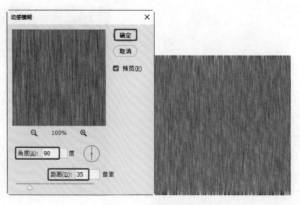

图7-41　设置动感模糊

图7-42　新建图层

图7-43　填充图层为白色

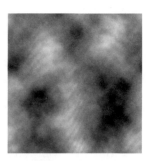

图7-44　设置云彩效果

步骤 09 选择转换为普通图层的"图层 0"图层，然后选择菜单栏中的"滤镜"|"扭曲"|"波浪"命令，在弹出的"波浪"对话框中设置"生成器数"为11，"波长"的"最小"为213、"最大"为251，"波幅"的"最小"为1、"最大"为2，"比例"的"水平"为100%、"垂直"为100%，如图 7-48 所示。

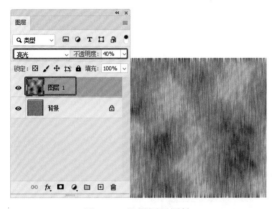

图7-45　设置图层属性

图7-46　将背景图层转换为普通图层

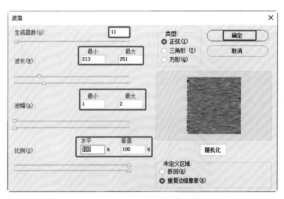

图7-48　设置波浪参数

步骤 10 设置波浪滤镜后的效果如图 7-49 所示。

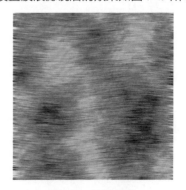

图7-49　波浪效果

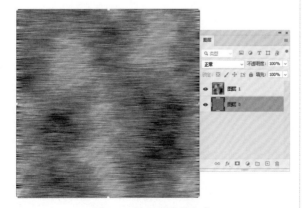

图7-47　旋转图像的角度

步骤 11 选择菜单栏中的"滤镜"|"液化"命令，弹出"液化"对话框，在左侧的工具箱中选择 （向

前变形工具），在预览窗口中涂抹，制作出花纹，效果如图 7-50 所示。

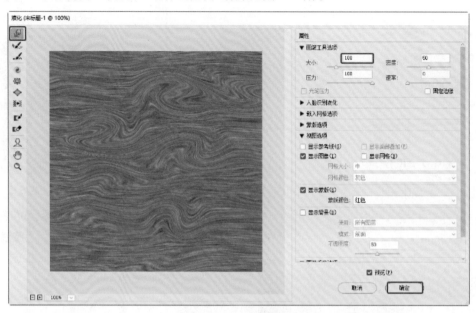

图7-50　设置液化效果

步骤12 选择菜单栏中的"滤镜"|"锐化"|"USM 锐化"命令，在弹出的"USM 锐化"对话框中设置"数量"为 61%、"半径"为 0.5 像素、"阈值"为 0 色阶，如图 7-51 所示。

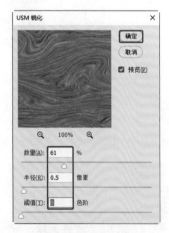

图7-51　设置USM锐化

步骤13 单击"图层"面板底部的 ◎.（创建新的填充或调整图层）按钮，在弹出的下拉菜单中选择"色彩平衡"命令，在弹出的"属性"面板中设置"色调"为"中间调"，设置色彩平衡参数为 +100、+14、−87，如图 7-52 所示。

步骤14 设置色调为"阴影"，设置色彩平衡参数为 +50、+19、−17，如图 7-53 所示。

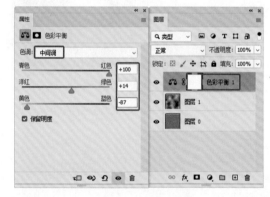

图7-52　设置中间调

步骤15 设置色调为"高光"，设置色彩平衡参数为 +15、−17、−60，如图 7-54 所示。

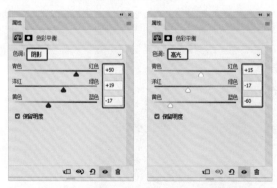

图7-53　设置阴影　　　　图7-54　设置高光

步骤16 调整色彩平衡后的效果如图 7-55 所示。

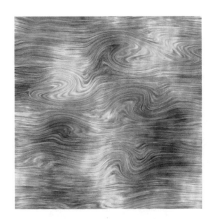

图7-55　色彩平衡效果

步骤17 单击"图层"面板底部的 （创建新的填充或调整图层）按钮，在弹出的下拉菜单中选择"色阶"命令，在弹出的"属性"面板中设置色阶的参数为 0、1.56、255，如图 7-56 所示。

图7-56　设置色阶参数

步骤18 调整色阶后的效果如图 7-57 所示。

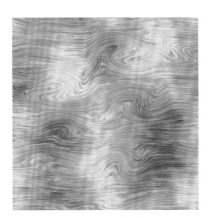

图7-57　色阶效果

7.4　制作布纹质感贴图

布料纹理是图像设计中经常用到的材质，尤其是在三维设计的贴图中常被用到，效果如图7-58所示。

步骤01 选择菜单栏中的"文件"|"新建文档"命令，在弹出的"新建文档"对话框中设置各项参数，如图 7-59 所示。

步骤02 按 D 键，设置默认的前景色和背景色。选择菜单栏中的"滤镜"|"渲染"|"云彩"命令，制作云彩效果，如图 7-60 所示。

步骤03 选择菜单栏中的"滤镜"|"滤镜库"命令，在弹出的滤镜库中选择"画笔描边"|"阴影线"，设置"描边长度"为 50、"锐化程度"为 20、"强度"为 3，如图 7-61 所示。

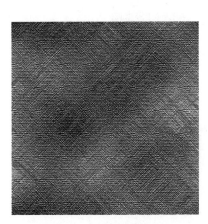

图7-58　布纹质感效果

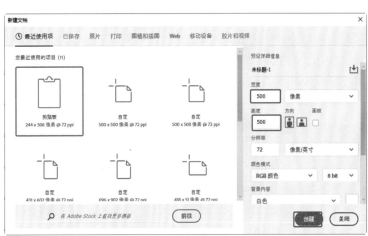

图7-59　新建文件

图7-60　云彩效果

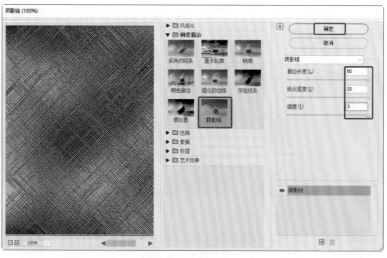

图7-61　设置阴影线

步骤)04 在滤镜库中选择"纹理"|"纹理化"，选择"纹理"为"粗麻布"，设置"缩放"为50%、"凸现"为10，如图7-62所示。

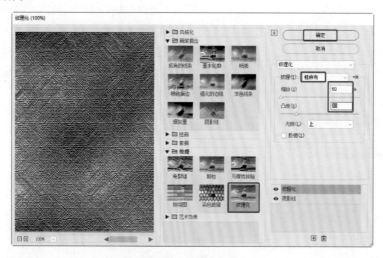

图7-62　设置纹理化

步骤)05 按Ctrl+B快捷键，在弹出的"色彩平衡"对话框中选择"色调平衡"为"中间调"，设置"色阶"为−100、−55、+100，如图7-63所示。

为−59、+100、+100，如图7-64所示。

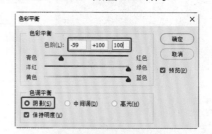

图7-64　设置阴影

步骤)07 选择"色调平衡"为"高光"，设置"色阶"为+49、+60、+100，如图7-65所示。

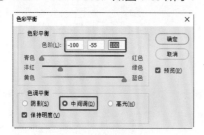

图7-63　设置中间调

步骤)06 选择"色调平衡"为"阴影"，设置"色阶"

步骤)08 设置出的色彩平衡效果如图7-66所示。

图7-65　设置高光

图7-66　色彩平衡效果

7.5　制作石材质感贴图

下面介绍几种常用的石材质感贴图的制作方法。

7.5.1　制作岩石质感贴图

在自然界中，岩石大都有比较生硬且不规则的凹凸效果，给人一种硬硬的感觉。它和砂岩是有一定区别的：砂岩的反光性不是很强，而岩石的反光性相对来说比砂岩要稍稍强些。岩石的质感效果如图 7-67 所示。

图7-67　岩石的质感效果

步骤01 新建一个文件，设置"宽度"和"高度"均为 500 像素，"分辨率"为 72 像素 / 英寸，"颜色模式"为"RGB 颜色"，如图 7-68 所示。

步骤02 按 D 键，将前景色和背景色设置为默认状态。选择菜单栏中的"滤镜"|"渲染"|"云彩"命令，按 Alt+Ctrl+F 快捷键执行多次操作，图像效果如图 7-69 所示。

步骤03 选择菜单栏中的"滤镜"|"滤镜库"命令，在弹出的滤镜库中选择"素描"|"基底凸现"，设置"细节"为 15、"平滑度"为 3，选择"光照"为"右上"，如图 7-70 所示。

步骤04 选择菜单栏中的"图像"|"调整"|"色相 / 饱和度"命令，在弹出的"色相 / 饱和度"对话框中选中"着色"复选框，设置"色相"为 +227、"饱和度"为 7、"明度"为 0，如图 7-71 所示。

步骤05 设置色相 / 饱和度后的岩石效果如图 7-72 所示。

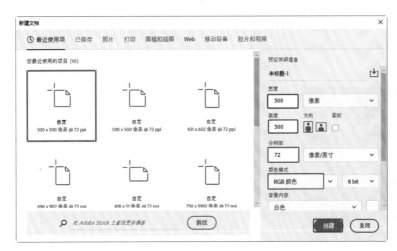

图7-68　新建文件

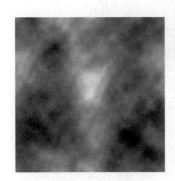

图7-69　云彩效果

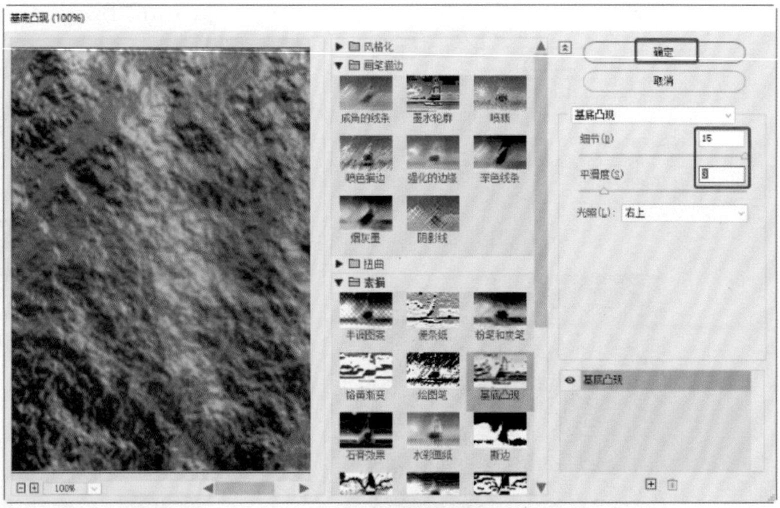

图7-70　设置基底凸现

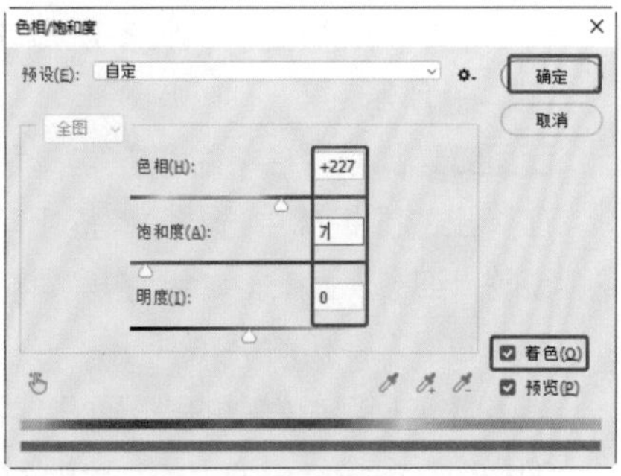

图7-71　设置色相/饱和度

图7-72　设置后的岩石效果

7.5.2　制作砂岩质感贴图

观察自然界中各式各样的砂岩会发现，砂岩的反光性不是很强，但它的肌理感很强。因此，在制作砂岩质感的贴图时，最难的是如何表现砂岩表面的小凸起。图 7-73 所示为砂岩质感贴图效果。

步骤 01 新建一个文件，设置"宽度"和"高度"均为 500 像素，"分辨率"为 72 像素 / 英寸，"颜色模式"为"RGB 颜色"，如图 7-74 所示。

图7-73　砂岩质感效果

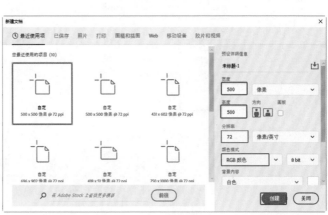

图7-74　新建文件

步骤02 按D键,将前景色和背景色设置为默认状态。选择菜单栏中的"滤镜"|"渲染"|"云彩"命令,可以按 Alt+Ctrl+F 快捷键执行多次操作,图像效果如图 7-75 所示。

步骤03 选择菜单栏中的"滤镜"|"杂色"|"添加杂色"命令,在弹出的"添加杂色"对话框中设置各项参数,如图 7-76 所示。

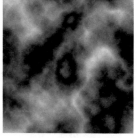

图7-77 新建通道　　　　图7-78 设置分层云彩

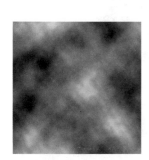

图7-75 设置云彩　　　　图7-76 添加杂色

步骤04 打开"通道"面板,单击该面板底部的 □（创建新通道）按钮,新建一个 Alpha 1 通道,如图 7-77 所示。

步骤05 选择菜单栏中的"滤镜"|"渲染"|"分层云彩"命令,多次按 Alt+Ctrl+F 快捷键,直到得到满意的效果,如图 7-78 所示。

步骤06 选择菜单栏中的"滤镜"|"杂色"|"添加杂色"命令,弹出"添加杂色"对话框,设置"数量"为4%,选择"分布"为"高斯分布",如图 7-79 所示。

步骤07 隐藏 Alpha 1 通道,显示 RGB 通道,然后返回到"图层"面板,如图 7-80 所示。

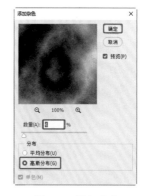

图7-79 添加杂色　　　　图7-80 隐藏通道

步骤08 选择菜单栏中的"滤镜"|"渲染"|"光照效果"命令,在图像中创建光源,在弹出的"属性"面板中调整光源为"聚光灯",设置"颜色"为土灰色,设置"强度"为 100、"聚光"为 63、"曝光度"为 -6、"光泽"为 100、"金属质感"为 100、"环境"为 17,选择"纹理"为 Alpha 1、"高度"为3,如图 7-81 所示。完成参数设置后,在选项栏中单击"确定"按钮。

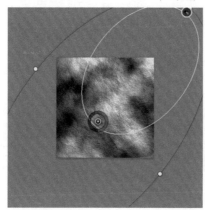

图7-81 设置光照效果

步骤 09 选择菜单栏中的"图像"|"调整"|"色彩平衡"命令，在弹出的"色彩平衡"对话框中设置"色阶"为 +51、+27、+18，如图 7-82 所示。这样砂岩质感贴图就制作完成了。

图7-82　设置色彩平衡

7.5.3　制作大理石质感贴图

大理石色彩素雅沉稳，纹理线条自然流畅，给人行云流水般的感觉。大理石的表面光滑，反光性较强，在室内外装饰设计中，多被应用在地面和墙面的装饰中。图 7-83 所示为大理石质感贴图效果。

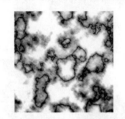

图7-83　大理石质感效果

步骤 01 新建一个文件，设置"宽度"和"高度"均为 500 像素、"分辨率"为 72 像素 / 英寸、"颜色模式"为"RGB 颜色"，如图 7-84 所示。

步骤 02 设置前景色为白色、背景色为黑色。选择菜单栏中的"滤镜"|"渲染"|"分层云彩"命令，图像效果如图 7-85 所示。

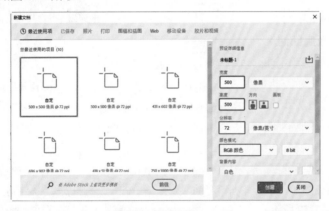

图7-84　新建文件

图7-85　分层云彩效果

步骤 03 在"图层"面板中复制"背景"图层，生成"背景拷贝"图层，使其置于"背景"图层的上方。按 Alt+Ctrl+F 快捷键执行多次，直到得到满意的效果为止，如图 7-86 所示。

步骤 04 选择菜单栏中的"图像"|"调整"|"色阶"命令，在弹出的"色阶"对话框中设置色阶为 0、1.88、105，如图 7-87 所示。

图7-86　复制图层并设置分层云彩

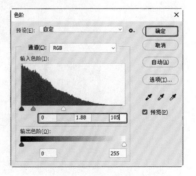

图7-87　设置色阶

步骤 05 设置色阶后的图像效果如图 7-88 所示。

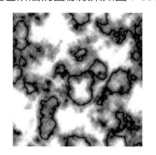

图7-88 色阶效果

步骤 06 在"图层"面板中复制"背景"图层,并调整图层的位置,如图 7-89 所示。

步骤 07 选择菜单栏中的"滤镜"|"渲染"|"光照效果"命令,在图像中创建光源,并在弹出的"属性"面板中设置光源为"聚光灯",设置"强度"为 100、"聚光"为 63、"曝光度"为 -6、"光泽"为 100、"金属质感"为 100、"环境"为 12,设置"纹理"为"红"、"高度"为 13,如图 7-90 所示。

图7-89 复制图层并调整位置

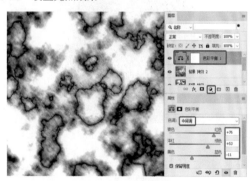

图7-90 设置光照效果

步骤 08 设置图层的混合模式为"柔光",如图 7-91 所示。

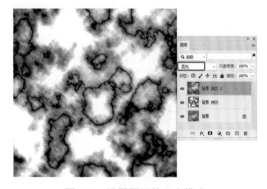

图7-91 设置图层的混合模式

步骤 09 单击"图层"面板底部的 ◯ (创建新的填充或调整图层)按钮,在弹出的下拉菜单中选择"色彩平衡"命令,接着弹出"属性"面板,选择"色调"为"中间调",设置色彩平衡参数为 +76、+53、-11,如图 7-92 所示。

步骤 10 选择"色调"为"阴影",设置色彩平衡参数为 +29、+23、+5,如图 7-93 所示。

图7-92 设置中间调

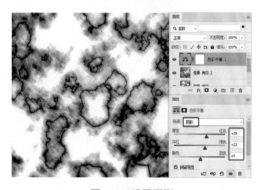

图7-93 设置阴影

步骤 11 选择"色调"为"高光",设置色彩平衡参数为 +47、+46、+26,如图 7-94 所示。

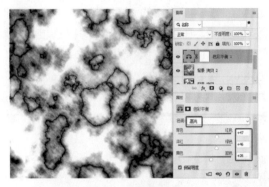

图7-94　设置高光

7.6　制作草地贴图

草地贴图主要用于地面草地的设置。下面将介绍使用 Photoshop 制作草地贴图的方法,效果如图 7-95 所示。

图7-95　草地效果

步骤 01 新建一个文件,设置"宽度"和"高度"均为 500 像素,"分辨率"为 72 像素 / 英寸,"颜色模式"为"RGB 颜色",如图 7-96 所示。

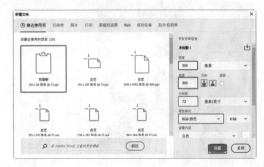

图7-96　新建文件

步骤 02 在"图层"面板中新建"图层 1"图层,如图 7-97 所示。

图7-97　新建图层

步骤 03 设置前景色的 RGB 值为(0、95、7),如图 7-98 所示。

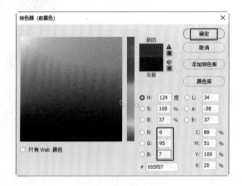

图7-98　设置前景色

步骤 04 按 Alt+Delete 快捷键,填充图层为前景色,效果如图 7-99 所示。

图7-99　填充前景色

步骤 05 选择菜单栏中的"滤镜"|"渲染"|"纤维"命令,在弹出的"纤维"对话框中设置"差异"为 25、"强度"为 22,如图 7-100 所示。

步骤 06 选择菜单栏中的"滤镜"|"风格化"|"风"命令,在弹出的"风"对话框中选择"方法"为"飓风",选择"方向"为"从右",如图 7-101 所示。

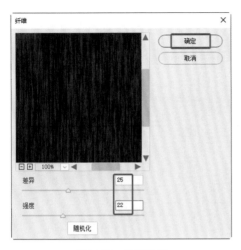

图7-100　设置纤维

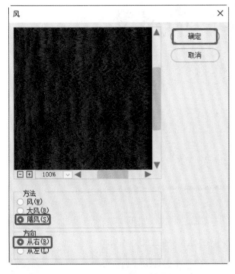

图7-101　设置风效果

步骤07 选择菜单栏中的"图像"|"图像旋转"|"90度（顺时针）"命令，将图像顺时针旋转90°，效果如图7-102所示。

图7-102　旋转图像

步骤08 按Ctrl+T快捷键，打开自由变换控制框，

右击，在弹出的快捷菜单中选择"透视"命令，调整图像，如图7-103所示。

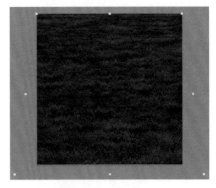

图7-103　设置图像变形

步骤09 裁剪自己认为最好的画面，得到的效果如图7-104所示。

图7-104　裁剪出草地效果

7.7　小结

本章通过几个贴图实例的制作，介绍了如何制作三维软件中的无缝贴图，以及各种常用的金属、木纹、布纹、石材、草地等贴图。通过对本章的学习，读者可以掌握使用各种滤镜和工具来制作各种常用贴图的方法。

第 **8** 章

效果图的艺术特效

本章介绍效果图的一些特殊效果的制作方法，例如，如何将效果图制作成水彩画效果、油画效果、素描效果、水墨画效果、旧电视效果，以及雨景、云雾、晕影等特殊效果，这些效果图可以作为宣传册的艺术画面进行宣传。

课堂学习目标

◇ 掌握制作水彩画效果的方法
◇ 掌握制作油画效果的方法
◇ 掌握制作素描效果的方法
◇ 掌握制作水墨画效果的方法
◇ 掌握制作旧电视效果的方法
◇ 掌握制作雨景效果的方法
◇ 掌握制作云雾效果的方法
◇ 掌握制作晕影效果的方法

8.1 水彩画效果

本节介绍如何将一幅客厅效果图制作成水彩画效果，如图 8-1 所示。

图8-1 水彩画效果

步骤 01 选择"素材文件\第8章\水彩效果o.tif"文件，打开的图像如图 8-2 所示。

图8-2 素材效果

步骤 02 按 Ctrl+J 快捷键，复制图像到"图层 1"图层中，如图 8-3 所示。

图8-3 复制图像到新图层

步骤 03 选中"图层 1"图层，接着选择菜单栏中的"图像"|"调整"|"去色"命令，效果如图 8-4 所示。

图8-4 去色调整图像

步骤 04 按 Ctrl+J 快捷键，复制黑白图像到新的"图层 1 拷贝"图层中，如图 8-5 所示。

图8-5 复制图像到新图层

步骤 05 选择菜单栏中的"图像"|"调整"|"反相"命令，效果如图 8-6 所示。

图8-6 反相图像

步骤 06 设置反相后的图像所在图层的混合模式为"颜色减淡"，如图 8-7 所示。

步骤 07 选择菜单栏中的"滤镜"|"其他"|"最小值"命令，在弹出的"最小值"对话框中设置"半径"为 1 像素，单击"确定"按钮，如图 8-8 所示。

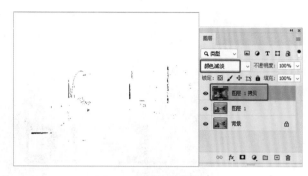

图8-7　设置图层混合模式

图8-8　设置最小值

步骤08 设置图像最小值后的效果如图 8-9 所示。

图8-9　最小值效果

步骤09 按 Ctrl+Alt+Shift+E 快捷键，盖印图像到新的"图层 2"图层中，如图 8-10 所示。

步骤10 按 Ctrl+J 快捷键，将盖印的图层复制到新的"图层 2 拷贝"图层中，如图 8-11 所示。

图8-10　盖印图像到新的图层　图8-11　复制图像到新图层

步骤11 选择复制出的图像，接着选择菜单栏中的"滤镜"|"模糊"|"高斯模糊"命令，在弹出的"高斯模糊"对话框中设置"半径"为 5 像素，如图 8-12 所示。

步骤12 设置模糊后的图层混合模式为"线性加深"，如图 8-13 所示。

图8-12　设置高斯模糊

图8-13　设置图层混合模式

步骤13 在"图层"面板中选择"背景"图层，按 Ctrl+J 快捷键，复制图层到顶部，设置"背景拷贝"图层混合模式为"颜色"，如图 8-14 所示。

图8-14　复制并设置图层属性

步骤 14 单击"图层"面板中的 回（创建新图层）按
钮，新建"图层 3"图层，如图 8-15 所示。

图8-15 新建图层

步骤 15 在工具箱中单击前景色图标，在弹出的"拾
色器（前景色）"对话框中设置 RGB 颜色为（255、
236、209），如图 8-16 所示。

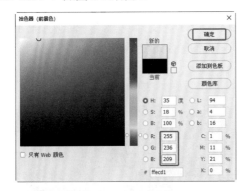

图8-16 设置前景色

步骤 16 按 Alt+Delete 快捷键，将新建的图层填充为
前景色，如图 8-17 所示。

图8-17 填充新图层

步骤 17 设置填充图层混合模式为"线性加深"，如
图 8-18 所示。

步骤 18 为"背景拷贝"图层施加一个黑色遮罩层，
如图 8-19 所示。

图8-18 设置图层混合模式

图8-19 设置黑色遮罩层

步骤 19 选择工具箱中的 ✔（画笔工具），设置画笔
类型为水彩画笔，擦出白色的区域，如图 8-20 所示。

图8-20 擦出白色的遮罩区域

步骤 20 按 Ctrl+Alt+Shift+E 快捷键，盖印图像到新
的"图层 4"图层，并放置在顶部，如图 8-21 所示。

图8-21 盖印图层

步骤)21 选择菜单栏中的"滤镜"|"滤镜库"命令，在弹出的滤镜库中选择"素描"|"水彩画纸"，设置"纤维长度"为3、"亮度"为59、"对比度"为73，如图8-22所示。

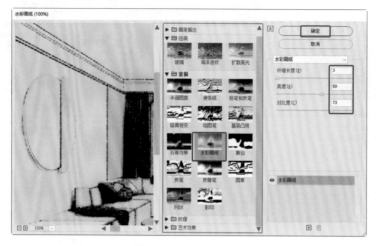

图8-22 设置水彩画纸

步骤)22 设置"图层4"图层混合模式为"正片叠底"，设置"不透明度"为70%，如图8-23所示。

图8-23 设置图层属性

8.2 油画效果

本节介绍如何将效果图制作成油画效果，如图8-24所示。

图8-24 油画效果

步骤)01 选择"素材文件\第8章\油画效果o.tif"文件，打开的图像如图8-25所示。

图8-25 素材图像

步骤)02 按两次Ctrl+J快捷键，复制出"图层1"和"图层1拷贝"图层，如图8-26所示。

图8-26 复制图层

步骤)03 隐藏"图层1拷贝"图层，选中"图层1"图层，接着选择菜单栏中的"滤镜"|"滤镜库"命令，在弹出的滤镜库中选择"艺术效果"|"木刻"，设置"色阶数"为4、"边缘简化度"为4、"边

缘逼真度"为 2，如图 8-27 所示。

图8-27　设置木刻

步骤 04 设置"图层 1"图层混合模式为"强光"，如图 8-28 所示。

图8-28　设置图层混合模式

步骤 05 显示并选中"图层 1 拷贝"图层，接着选择菜单栏中的"滤镜"|"杂色"|"中间值"命令，在弹出的"中间值"对话框中设置"半径"为 4 像素，如图 8-29 所示。

图8-29　设置中间值

步骤 06 设置中间值后的效果如图 8-30 所示。

图8-30　中间值效果

步骤 07 选择菜单栏中的"滤镜"|"滤镜库"命令，在弹出的滤镜库中选择"画笔描边"|"深色线条"，设置"平衡"为 3、"黑色强度"为 1、"白色强度"为 3，如图 8-31 所示。

图8-31　设置深色线条

步骤)08 设置图层的混合模式为"滤色",设置"不透明度"为40%,如图8-32所示。

图8-32　设置图层属性

步骤)09 按 Ctrl+Alt+Shift+E 快捷键,盖印图像到新的"图层 2"图层中,如图 8-33 所示。

步骤)10 盖印图层后,选择菜单栏中的"滤镜"|"锐化"|"USM 锐化"命令,在弹出的"USM 锐化"对话框中设置"数量"为 61%、"半径"为 0.5 像素、"阈值"为 0 色阶,如图 8-34 所示。

图8-33　盖印图层

图8-34　设置USM锐化

步骤)11 按 Ctrl+L 快捷键,弹出"色阶"对话框,从中设置色阶的参数,调整图像的明暗效果,如图 8-35 所示。

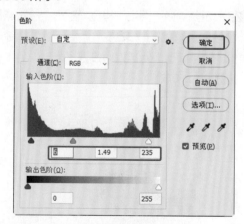

图8-35　调整色阶

步骤)12 调整色阶后的效果如图 8-36 所示。至此,效果图制作完成。

图8-36 完成的效果

8.3 素描效果

本节介绍如何将效果图制作成素描效果，如图 8-37 所示。

步骤 01 选择"素材文件 \ 第 8 章 \ 素描效果 o.jpg"文件，打开的图像如图 8-38 所示。

步骤 02 选择菜单栏中的"图像"|"调整"|"去色"命令，对图像进行去色。然后按 Ctrl+J 快捷键，复制图像到新的"图层 1"图层中，如图 8-39 所示。

步骤 03 继续按 Ctrl+J 快捷键，将"图层 1"图层中的图像复制到"图层 1 拷贝"图层中，接着按 Ctrl+I 快捷键，设置图像反相，如图 8-40 所示。

图8-37 素描效果

图8-38 素材图像

图8-39 复制图像到新的图层

图8-40 复制并反相图像

步骤04 设置"图层 1 拷贝"图层的混合模式为"颜色减淡"，如图 8-41 所示。

步骤05 选择菜单栏中的"滤镜"|"其他"|"最小值"命令，在弹出的"最小值"对话框中设置"半径"为 2 像素，单击"确定"按钮，如图 8-42 所示。

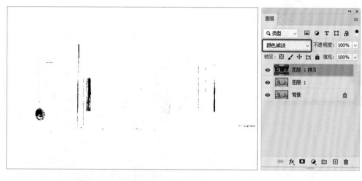

图8-41 设置图层属性   图8-42 设置最小值

步骤06 设置最小值后的效果如图 8-43 所示。

步骤07 按 Ctrl+Alt+Shift+E 快捷键，盖印图像到"图层 2"图层中，如图 8-44 所示。

步骤08 选择菜单栏中的"滤镜"|"模糊"|"高斯模糊"命令，在弹出的"高斯模糊"对话框中设置"半径"为 5 像素，单击"确定"按钮，如图 8-45 所示。

图8-43 设置最小值效果   图8-44 盖印图像到新的图层   图8-45 设置模糊参数

步骤09 选择菜单栏中的"滤镜"|"滤镜库"命令，在弹出的滤镜库中选择"画笔描边"|"喷色描边"，设置"描边长度"为 19、"喷色半径"为 15，如图 8-46 所示。

图8-46 设置喷色描边

步骤10 设置"图层2"图层混合模式为"线性加深"，设置"不透明度"为50%，如图 8-47 所示。

图8-47　设置图层属性

8.4　水墨画效果

本节介绍如何将效果图制作成水墨画效果，如图 8-48 所示。

图8-48　水墨画效果

步骤01 选择"素材文件\第8章\水墨画 o.tif"文件，打开的图像如图 8-49 所示。

图8-49　素材图像

步骤02 按 Ctrl+J 快捷键，复制图像到新的"图层1"图层中，如图 8-50 所示。

图8-50　复制图层

步骤03 选择菜单栏中的"滤镜"|"风格化"|"查找边缘"命令，查找边缘效果如图 8-51 所示。

图8-51　查找边缘效果

步骤04 选择菜单栏中的"图像"|"调整"|"去色"命令，设置图像的黑白效果，如图 8-52 所示。

步骤05 按 Ctrl+L 快捷键，在弹出的"色阶"对话框中设置色阶参数为136、1、255，如图 8-53 所示。调整色阶后的效果如图 8-54 所示。

图8-52　设置图像的去色

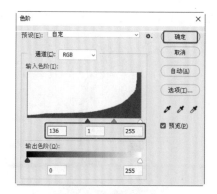

图8-53　设置图像的色阶

步骤06 设置图层的混合模式为"叠加"，设置"不透明度"为80%，如图 8-55 所示。

图8-54　调整色阶后的效果

图8-55　设置图层属性

步骤07 选中"图层 1"图层，按 Ctrl+J 快捷键，复制图像到新的"图层 1 拷贝"图层中，如图 8-56 所示。

图8-56　复制图像到新图层

图8-57　设置方框模糊

步骤08 选择菜单栏中的"滤镜"|"模糊"|"方框模糊"命令，在弹出的"方框模糊"对话框中设置"半径"为 15 像素，如图 8-57 所示。

步骤09 设置图像方框模糊后的效果如图8-58所示。

步骤10 在"图层"面板中选择"背景"图层，按 Ctrl+J 快捷键，复制图像到新的"背景拷贝"图层中，如图 8-59 所示。

图8-58　设置模糊的效果

图8-59 复制图层

步骤 11 选择菜单栏中的"滤镜"|"滤镜库"命令,
在弹出的滤镜库中选择"画笔描边"|"喷溅",
设置"喷色半径"为10、"平滑度"为5,如
图 8-60 所示。

步骤 12 设置喷溅滤镜后的效果如图 8-61 所示。

步骤 13 按 Ctrl+U 快捷键,在弹出的"色相/饱和度"
对话框中设置"饱和度"为 -94,如图 8-62 所示。

步骤 14 按 Ctrl+L 快捷键,在弹出的"色阶"对话框
中调整色阶参数,完成效果图的制作,如图 8-63 所示。

图8-60 设置喷溅

图8-61 设置喷溅后的效果

图8-62 设置饱和度

图8-63 图像效果

137

8.5 旧电视效果

本节介绍如何将效果图制作成旧电视效果，如图 8-64 所示。

图8-64　旧电视效果

步骤)01 选择"素材文件\第8章\旧电视 o.tif"文件，打开的图像如图 8-65 所示。

图8-65　素材图像

步骤)02 按 Ctrl+J 快捷键，复制图像到新的"图层 1"图层中，如图 8-66 所示。

图8-66　复制图像到新图层

步骤)03 按 Ctrl+U 快捷键，在弹出的"色相/饱和度"对话框中设置"饱和度"为 -53，单击"确定"按钮，如图 8-67 所示。

图8-67　设置饱和度

步骤)04 设置饱和度后的效果如图 8-68 所示。

图8-68　设置饱和度效果

步骤)05 选择菜单栏中的"滤镜"|"杂色"|"添加杂色"命令，在弹出的"添加杂色"对话框中设置"数量"为 6%，选择"分布"为"高斯分布"，选中"单色"复选框，如图 8-69 所示。

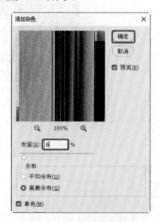

图8-69　设置添加杂色

步骤)06 选择工具箱中的 ▐ （单列选框工具），按住 Shift 键在效果图中单击创建单列选框区域。然后在"图层"面板中新建"图层 2"图层，并填充选区为黑色，如图 8-70 所示。

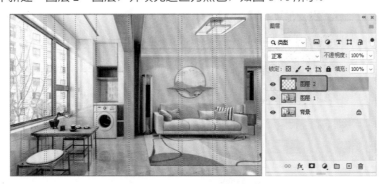

图8-70　创建并填充选区为黑色

步骤07 制作的旧电视效果如图 8-71 所示。

图8-71　制作的旧电视效果

8.6　雨景效果

本节介绍雨景效果图的制作方法，如图 8-72 所示。

图8-72　雨景效果

步骤01 选择"素材文件 \ 第 8 章 \ 雨景 o.tif"文件，打开的图像如图 8-73 所示。

图8-73　素材图像

步骤02 在"图层"面板中新建"图层 1"图层，填充为黑色，如图 8-74 所示。

图8-74　新建图层并填充为黑色

步骤03 选择菜单栏中的"滤镜"|"杂色"|"添加杂色"命令，在弹出的"添加杂色"对话框中设置"数量"为 29.55%，选择"分布"为"高斯分布"，选中"单色"复选框，如图 8-75 所示。

步骤04 选择菜单栏中的"滤镜"|"模糊"|"动感模糊"命令，在弹出的"动感模糊"对话框中设置"角度"为 70 度，设置"距离"为 50 像素，如图 8-76 所示。

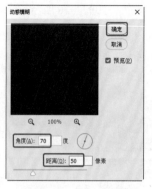

图8-75 设置添加杂色　　图8-76 设置动感模糊

步骤 05 设置完添加杂色和动感模糊后的效果如图 8-77 所示。

图8-77 设置滤镜后的效果

步骤 06 设置"图层 1"图层混合模式为"滤色"，效果如图 8-78 所示。

图8-78 设置图层混合模式

步骤 07 按 Ctrl+L 快捷键，在弹出的"色阶"对话框中设置色阶的参数为 28、0.69、80，如图 8-79 所示。

步骤 08 调整后的下雨效果如图 8-80 所示。

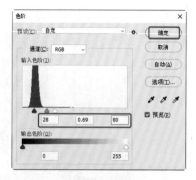

图8-79 设置色阶

图8-80 调整后的下雨效果

8.7 云雾效果

本节介绍如何为效果图添加云雾效果，如图 8-81 所示。

步骤 01 选择"素材文件 \ 第 8 章 \ 云雾效果 o.tif"文件，打开的图像如图 8-82 所示。

图8-81 云雾效果　　　图8-82 素材图像

步骤 02 单击"图层"面板底部的 ▣（创建新图层）

按钮，新建一个"图层 1"图层。按 D 键，恢复前景色和背景色为默认状态。再按 Alt+Delete 快捷键，填充"图层 1"图层为黑色，如图 8-83 所示。

步骤 03 选择菜单栏中的"滤镜"|"渲染"|"云彩"命令，多按几次 Ctrl+F 快捷键，直到得到满意的云彩效果为止，如图 8-84 所示。

8.8 晕影效果

本节将介绍如何为效果图制作晕影效果，如图 8-87 所示。

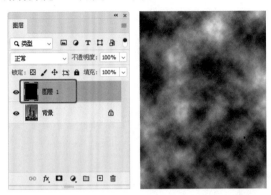

图8-83 新建图层并填充为黑色 图8-84 设置云彩效果

步骤 04 按 Ctrl+T 快捷键，打开自由变换控制框，调整图像的形状。然后设置图层混合模式为"滤色"，如图 8-85 所示。

图8-87 晕影效果

步骤 01 选择"素材文件 \ 第 8 章 \ 晕影 o.tif"文件，打开的图像如图 8-88 所示。

图8-85 调整云彩效果

步骤 05 为"图层 1"图层施加蒙版，并为蒙版填充白色到黑色的渐变色，如图 8-86 所示。

图8-88 素材图像

步骤 02 单击"图层"面板底部的 ◻（创建新图层）按钮，新建"图层 1"图层。选择工具箱中的 ▣（渐变工具），在工具选项栏中单击 ◉（径向渐变）按钮，在效果图的新图层上填充渐变，如图 8-89 所示。

步骤 03 设置图层混合模式为"滤色"，如图 8-90 所示。

步骤 04 按 Ctrl+T 快捷键，打开自由变换控制框，调整渐变图像的大小，如图 8-91 所示。

步骤 05 按 Ctrl+U 快捷键，在弹出的"色相 / 饱和度"对话框中选中"着色"复选框，设置"色相"

图8-86 设置云雾效果

为 +218、"饱和度"为 +25，单击"确定"按钮，如图 8-92 所示。

图8-89　填充渐变

图8-90　设置图层混合模式

图8-91　调整渐变图像的大小

步骤 06 设置色相/饱和度后的效果如图 8-93 所示。

图8-93　晕影效果

8.9　小结

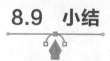

本章介绍了效果图中艺术特效的制作方法。通过对几个实例的学习，读者可以结合各种工具和命令，以及各种滤镜特效制作出自己需要的艺术效果图。

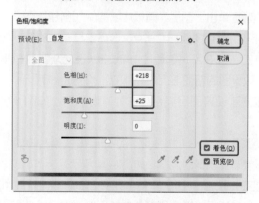

图8-92　设置色相/饱和度

第 9 章

新中式客厅效果图的后期处理

本章将汇总前面所学的知识对欧式客厅进行后期处理。

不同的效果图会遇到不同的问题，所以从本章开始将开启后期处理的实践之旅，并针对不同的问题提供不同的解决方法。

课堂学习目标

◇ 了解调整图像整体效果的技巧
◇ 了解调整图像局部效果的技巧
◇ 掌握添加光效的方法
◇ 掌握最终效果的处理方法

9.1　客厅效果图后期处理的构思

　　本章介绍如何对新中式客厅效果图进行后期处理。图 9-1 所示为渲染效果图和后期处理效果的对比。

　　现在对如图 9-1 所示渲染的效果图进行分析，确定如何对该效果图进行后期处理。

　　该效果图较为灰暗，色彩不够突出，层次也不明显。对于这些问题，可对该效果图进行画面明暗的处理，调整材质本来的颜色，并通过局部处理来突出各个模型之间的层次关系。最后通过添加一些装饰素材（如花卉、人物、配景等），使整个画面更加人性化、生动。

　　需要注意的是，后期处理的过程中必须一次次检查各个模型和效果，以免出现一些不必要的失误。

图9-1　效果图的前后对比

图9-1　效果图的前后对比（续）

9.2　调整图像的整体效果

　　客厅整体效果的调整包括调整整个场景的色阶、曲线和色彩平衡。

步骤 01 选择"素材文件\第 9 章\客厅视角 01（1）、客厅视角 01（2）和客厅视角 01（3）"三个文件，如图 9-2 所示。

图9-2　选择文件

步骤)02 打开的"客厅视角01（2）"文件如图9-3所示。

图9-3 打开的素材文件1

步骤)03 打开的"客厅视角01（1）"文件如图9-4所示。

图9-4 打开的素材文件2

步骤)04 打开的"客厅视角01（3）"文件如图9-5所示。

图9-5 打开的素材文件3

步骤)05 按住 Shift 键，使用 ⊕（移动工具）将"客厅视角01（1）"文件拖曳到"客厅视角01（2）"文件中，如图 9-6 所示，将其命名为"通道图"。

步骤)06 按住 Shift 键，使用 ⊕（移动工具）将"客厅视角01（3）"文件拖曳到"客厅视角01（2）"文件中，如图 9-7 所示，将其命名为"AO 图"。

步骤)07 在"图层"面板中选择"背景"图层，按 Ctrl+J 键，复制出"背景拷贝"图层，并将其放置到图层面板的最上方，如图 9-8 所示。

步骤)08 按 Ctrl+L 快捷键，在弹出的"色阶"对话框中调整色阶的参数为 5、1.43、255，单击"确定"按钮，如图 9-9 所示。

步骤)09 按 Ctrl+M 快捷键，在弹出的对话框中调整曲线，单击"确定"按钮，如图 9-10 所示。

图9-6 拖曳通道图到效果图中

图9-7 拖曳AO图到效果图中

💡提示 在后期处理的过程中，熟练掌握一些常用的快捷键，可以快速调整效果图。

图9-8 复制图层

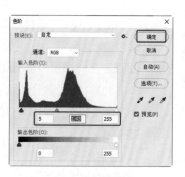

图9-9 调整色阶

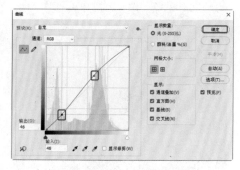

图9-10 调整曲线

步骤 10 调整色阶和曲线后，在工具箱中选择 🔲（裁剪工具），裁剪多余的图像区域，如图 9-11 所示，按 Enter 键确定裁剪。

图9-11 裁剪图像

9.3 调整图像的局部效果

调整好整体的图像后，接下来将调整局部区域，使效果图具有层次感。

步骤 01 选择"背景拷贝"图层，按 Ctrl+J 快捷键，复制出"背景拷贝 2"图层，如图 9-12 所示。

步骤 02 在"图层"面板中选择"通道"图层，在工具箱中选择 🪄（魔棒工具），在工具选项栏中单击 🔳（添加到选区）按钮，设置"容差"为 10，并取消勾选"连续"复选框。选择作为顶部的颜色区域，如图 9-13 所示，顶部区域被选中。

步骤 03 创建选区后，选择"背景拷贝 2"图层，按 Ctrl+J 快捷键，复制选区中的图像到新的图层中。

按住 Alt 键单击"图层 1"前的 ◉ 按钮，仅显示"图层 1"，使用 ☒（多边形套索工具）圈选顶部区域，如图 9-14 所示。

图9-12 复制图层

图9-13 创建顶部选区

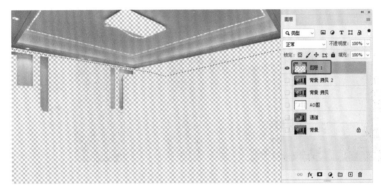
图9-14 创建选区

提示 将图像复制到新的图层中，是为了不在原图上进行修改。当最终效果不理想时，可以直接删除其效果，重新进行调整。

提示 按住 Alt 键单击"图层 1"前的 ◉ 按钮，是仅显示功能。在后期处理的过程中，可以充分利用该操作来单独观察图像。如果要取消仅显示，可以按住 Alt 键单击仅显示图层前的 ◉ 按钮。

步骤04 按 Ctrl+L 快捷键，在弹出的"色阶"对话框中调整色阶参数为 0、1.28、221，单击"确定"按钮，如图 9-15 所示。

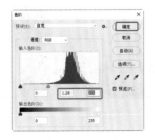
图9-15 设置色阶

步骤05 按 Ctrl+U 快捷键，在弹出的"色相/饱和度"对话框中设置"饱和度"为 -42，单击"确定"按钮，如图 9-16 所示。按 Ctrl+D 快捷键，取消选区的选择。按住 Alt 键单击"图层 1"前的 ◉ 按钮，显示其他图层。

注意 在每次创建选区并调整图像后，一定要记得按 Ctrl+D 快捷键，取消选区的选择，避免操作错误。

图9-16　设置饱和度参数

图9-17　创建多边形选区

步骤)06 使用 ⊠（多边形套索工具）在顶部灯池的位置创建选区，如图 9-17 所示。

步骤)07 在"图层"面板中单击 ▣（创建新图层）按钮，创建"图层 2"。设置背景色为白色，按 Ctrl+Delete 快捷键，填充选区为白色，如图 9-18 所示。

图9-18　填充选区为白色

步骤)08 在菜单栏中选择"选择"|"修改"|"收缩"命令，在弹出的对话框中设置"收缩量"为 30 像素，单击"确定"按钮，如图 9-19 所示。

步骤)09 选择"选择"|"修改"|"羽化"命令，在弹出的对话框中设置"羽化半径"为 40 像素，单击"确定"按钮，如图 9-20 所示。

从中设置色阶参数为 0、1.70、255，单击"确定"按钮，如图 9-24 所示。

步骤)14 在"图层"面板中选择"通道"图层，使用 ▨（魔棒工具）选择如图 9-25 所示的墙面区域。

步骤)15 选择"背景拷贝 2"图层，按 Ctrl+J 快捷键，将选区中的图像复制到新的图层中，如图 9-26 所示。

步骤)16 按 Ctrl+L 快捷键，在弹出的"色阶"对话框中设置色阶参数为 14、1.00、210，单击"确定"按钮，如图 9-27 所示。

图9-19　设置收缩参数　　图9-20　设置羽化参数

步骤)10 修改好选区后，按 Delete 键，删除选区中的白色，形成光晕效果，如图 9-21 所示。按 Ctrl+D 快捷键，取消选区的选择。

步骤)11 在"图层"面板中选择"通道"图层，使用 ▨（魔棒工具）选择顶灯的区域，如图 9-22 所示。

步骤)12 选择"背景拷贝 2"图层，按 Ctrl+J 快捷键，将选区中的图像复制到新的图层中，如图 9-23 所示。

步骤)13 按 Ctrl+L 快捷键，弹出"色阶"对话框，

图9-21　调整光晕效果

图9-22　创建顶灯选区　　　　　　　图9-23　复制选区到新图层

图9-24　调整顶灯图像的色阶

图9-25　创建墙面选区　　　　　　　图9-26　复制选区到新的图层

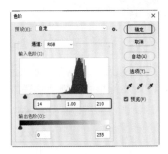

图9-27　设置色阶参数

步骤17 调整色阶后的墙面颜色饱和度高，如图 9-28 所示。

图9-28　设置色阶后的墙面

步骤 18 按 Ctrl+U 快捷键，弹出"色相/饱和度"对话框，设置"饱和度"为 -32，如图 9-29 所示。

图9-29　降低饱和度参数

步骤 19 选择"通道"图层，选择 （魔棒工具），创建木饰面和门的木纹区域，如图 9-30 所示。

图9-30　创建木纹选区

步骤 20 选择"背景拷贝 2"图层，按 Ctrl+J 快捷键，将选区中的图像复制到新的图层中，如图9-31 所示。

步骤 21 按 Ctrl+L 快捷键，在弹出的"色阶"对话框中设置色阶参数为 17、1.00、179，单击"确定"按钮，如图 9-32 所示。

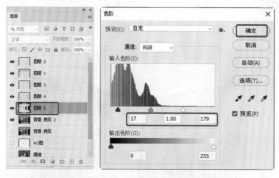

图9-31　复制选区　　　图9-32　调整色阶
　　　 到新的图层

步骤 22 调整木纹和门后的效果如图 9-33 所示。

图9-33　调整木纹和门后的效果

步骤 23 在"图层"面板中选择"通道"图层，使用 （魔棒工具）选择装饰画，如图 9-34 所示。

步骤 24 选择"背景拷贝 2"图层，按 Ctrl+J 快捷键，将选区中的图像复制到新的图层中，如图9-35 所示。

图9-34 创建装饰画选区　　　　　　　　　图9-35 复制选区到新图层

步骤25 按 Ctrl+L 快捷键，在弹出的"色阶"对话框中设置色阶参数为 98、1.68、255，单击"确定"按钮，如图 9-36 所示。

图9-36 调整图像的色阶

步骤26 选择"背景拷贝 2"图层，在工具箱中选择 ☑（快速选择工具），在工具选项栏中选择 ☑（添加到选区）按钮，并设置画笔大小为 3，在效果图中创建抱枕选区，如图 9-37 所示。

在工具选项栏中设置合适的容差参数，并选择如图 9-39 所示的选区。

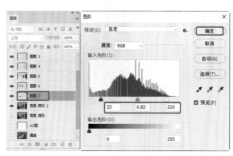

图9-38 调整色阶

图9-37 创建抱枕选区

步骤27 按 Ctrl+J 快捷键，复制选区中的图像到新的图层中。按 Ctrl+L 快捷键，弹出"色阶"对话框，从中设置色阶参数为 33、0.82、220，单击"确定"按钮，如图 9-38 所示。

步骤28 打开"通道"图层，选择 ☑（魔棒工具），

图9-39 创建选区

步骤)29 选择"背景拷贝 2"图层，按 Ctrl+J 快捷键，复制选区中的图像到新的图层中，如图 9-40 所示。

步骤)30 按 Ctrl+L 快捷键，弹出"色阶"对话框，从中设置色阶参数为 28、1.00、223，单击"确定"按钮，如图 9-41 所示。

步骤)31 选择"通道"图层，使用 （魔棒工具）选择如图 9-42 所示的木纹。

步骤)32 选择"背景拷贝 2"图层，按 Ctrl+J 快捷键，将选区中的图层复制到新的图层中。按 Ctrl+L 快捷键，弹出"色阶"对话框，从中设置色阶参数为 8、1.00、176，单击"确定"按钮，如图 9-43 所示。

图9-40　复制图像到新的图层

图9-41　调整色阶

图9-42　创建选区

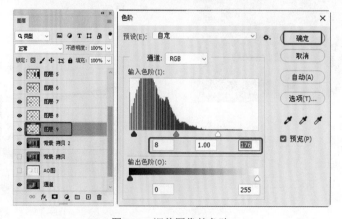

图9-43　调整图像的色阶

步骤 33 选择"通道"图层，使用 ✐（魔棒工具）创建如图 9-44 所示的沙发选区。

图9-44　创建沙发选区

步骤 34 选择"背景拷贝 2"图层，按 Ctrl+J 快捷键，将选区中的图层复制到新的图层中。按 Ctrl+L 快捷键，弹出"色阶"对话框，从中设置色阶参数为 35、1.00、241，单击"确定"按钮，如图 9-45 所示。

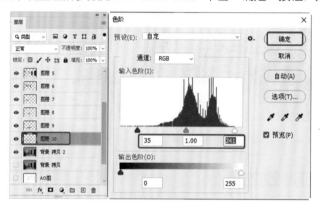

图9-45　调整色阶

步骤 35 选择"通道"图层，使用 ✐（魔棒工具）选择地面区域，如图 9-46 所示。

图9-46　创建地面选区

步骤 36 选择"背景拷贝 2"图层，按 Ctrl+J 快捷键，复制选区中的地面到新的图层中。按 Ctrl+L 快捷键，在弹出的"色阶"对话框中设置色阶参数为 60、1.00、202，单击"确定"按钮，如图 9-47 所示。

步骤 37 选择"通道"图层，使用 ✐（魔棒工具）选择地毯区域，如图 9-48 所示。

步骤 38 选择"背景拷贝 2"图层，按 Ctrl+J 快捷键，复制选区中的地毯到新的图层中，设置图层的混合模式为"叠加"，如图 9-49 所示。

步骤 39 按住 Ctrl 键，将局部处理的图层选中，在"图层"面板底部单击 ▣（创建新组）按钮，将选中的图层放置到图层组中，命名图层组名称为"局部"，如图 9-50 所示。

图9-47 设置色阶参数　　　　　　　图9-48 创建地毯区域

图9-49 设置地毯图层的混合模式

图9-50 创建图层组

9.4 添加光效效果

下面将通过为筒灯和台灯设置光的效果，模拟筒灯和台灯的光效。

步骤01 选择"素材文件\第9章\光晕.png"文件，如图9-51所示。

图9-51 打开的光晕文件

步骤02 将光晕文件拖曳到客厅效果图中，设置其图层的混合模式为"滤色"。在效果图中，按Ctrl+T快捷键，使用自由变换调整其大小和位置，如

图9-52所示。调整大小后，按Enter键确定。

图9-52 设置光晕图层属性

步骤03 按住Alt键，使用 ⊕ （移动工具）移动复制光晕效果，同时调整图像的大小，添加的光晕效果如图9-53所示。

步骤04 在工具箱中选择 ○ （椭圆选框工具），在工具选项栏中设置"羽化"为25像素，如图9-54所示，在台灯的位置创建椭圆选区。

步骤05 在"图层"面板中单击 ⊞ （创建新图层）按钮，新建图层；设置背景色为白色，按Ctrl+Delete快捷键，填充选区为白色，可以多次填充，如图9-55所示。按Ctrl+D快捷键，取消选区的选择。

图9-53　添加光晕

图9-54　创建椭圆选区

图9-55　填充选区为白色

步骤 06 设置图层的混合模式为"叠加",如图 9-56 所示。

图9-56　设置图层的混合模式

9.5　调整最终效果

检查整体效果图是否存在缺憾,如果有不满意的地方可以随时调整,接下来我们做效果图的最终处理。

步骤 01 按 Ctrl+Shift+Alt+E 快捷键,盖印所有图层到一个新的"图层 15"中,设置图层的混合模式为"柔光",设置"不透明度"为 10%,如图 9-57 所示。

图9-57　调整图层的混合模式

步骤 02 选择"图层 15",按 Ctrl+J 快捷键,复制图层。在菜单栏中选择"滤镜"|"其他"|"高反差保留"命令,在弹出的对话框中设置"半径"为 0.3 像素,单击"确定"按钮,如图 9-58 所示。

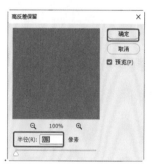

图9-58　设置高反差保留参数

提示 如果感觉效果图的色彩不够鲜艳,可以提高"图层 15"的"不透明度"。

步骤 03 设置高反差保留图层的混合模式为"线性光",设置"不透明度"为 40%,如图 9-59 所示。

图9-59 设置线性光

💡提示 使用"高反差保留"后,设置图层的混合模式为"线性光"是为了锐化图像边缘,使图像变得更清晰。

步骤04 在"图层"面板中将"AO 图"图层放置到图层的最上方,设置图层的混合模式为"正片叠底",制作完成的最终效果,如图 9-60 所示。

图9-60 最终效果

💡提示 读者可以尝试处理"客厅视角 02"效果图的后期,这里就不详细介绍了。

9.6 小结

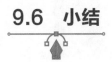

本章介绍了新中式客厅的后期处理技巧和方法。通过对本章的学习,希望读者能够对新中式客厅及家装后期有一个系统的了解和认识。

第 **10** 章

酒店大堂效果图的后期处理

本章将学习一幅工装酒店大堂效果图的后期处理。工装不同于家装，所添加的配景不相同，所要表现的环境氛围也不一样。

课堂学习目标

◇ 了解大堂效果图后期处理的构思
◇ 了解调整图像整体色调的方法
◇ 了解酒店大堂细部的刻画技巧
◇ 掌握为酒店大堂效果图添加配景的方法

10.1 大堂效果图后期处理的构思

　　酒店大堂作为一个敞开式的公共空间，应该给人一种恢宏、大气及宽畅、亮堂的感觉。一般该类空间比较宽大，结构比较复杂，所以其效果图后期处理相比客厅、卧室等家装类的空间要复杂。

　　效果图处理前和处理后的效果如图10-1所示。

图10-1　用Photoshop处理前后效果对比

　　一幅成功的室内装饰效果图作品，要考虑到各个方面的协调性，既要美观又要有创意，还要具有逼真的效果。

　　在实际的后期操作中配景应该选择那些适合表现设计思想，能和周围环境融为一体，能活跃室内气氛，或能平衡整体色彩画面的素材。配景的比例与位置是一个很重要的原则问题。为场景所添加的人物、植物以及其他配景的尺寸、透视、比例关系等一定要正确，否则让人一眼看上去就感觉是假的。配景的位置也不应该忽视，应考虑构图和实际场景中的需要。

　　另外，在添加配景时，应考虑整个场景的色调。一般情况下，应该对配景的颜色进行调整，目的是让配景的色调、亮度与场景协调。根据设计需要，为配景加上阴影和倒影，可以使人们在视觉上感到更加真实。对于那些光滑并具有反射效果的地面（如水磨石地、大理石、花岗岩、成品地板等），需要认真仔细地表现配景所产生的阴影和倒影效果。

10.2 调整图像整体色调

　　用 3ds Max 渲染的最终效果往往会与预期的效果有些差别，例如明暗、色彩上有所欠缺，当然最重要的一点就是配景。此时可以用 Photoshop 对渲染图片中的不足之处进行调整和完善。

步骤 01 打开"素材文件\第 10 章\酒店大堂 .tif 和酒店大堂通道 .tif"文件，如图 10-2 所示。

图10-2　打开的素材文件

步骤 02 单击工具箱中的 ⊕ （移动工具）按钮，然后按住 Shift 键，将"酒店大堂通道 .tif"拖到"酒店大堂 .tif"图像中，如图 10-3 所示。

步骤 03 选择"背景"图层，按 Ctrl+J 快捷键，复制出"背景拷贝"图层，调整"背景拷贝"图层至面板的最上方，如图 10-4 所示。

图10-3　添加图像到效果图中　图10-4　复制图层

　　现在观察和分析渲染的酒店大堂效果图，可以看出直接渲染出的图像显得稍微有些灰暗，画面的素描关系不是很明确，细节也不够丰富，这些问题将在下面的操作中一一解决。首先来调整画面的色调。

步骤 04 确认"背景拷贝"图层处于当前层，按 Ctrl ＋ M 快捷键，打开"曲线"对话框，对图像的亮度进行调整，如图 10-5 所示。

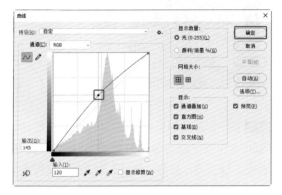

图10-5　使用曲线调整亮度

步骤 05 按 Ctrl ＋ L 快捷键，打开"色阶"对话框，调整图像的亮度与对比度，如图 10-6 所示。

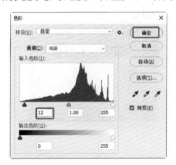

图10-6　调整图像的色阶

步骤 06 选择"背景拷贝"图层，按 Ctrl+J 快捷键复制图层，设置图层的混合模式为"柔光"，调整"不透明度"为 50%，增强画面明暗和色彩的对比，效果如图 10-7 所示。

图10-7　设置图层的混合模式

步骤 07 按 Ctrl+E 快捷键，向下合并为"背景拷贝"图层，如图 10-8 所示。

图10-8　向下合并图层

酒店空间的整体色调给人的感觉应该是非常暖的，很温馨的，现在的画面有些冷清。下面对整体的色调进行调整。

步骤 08 按 Ctrl+B 快捷键，打开"色彩平衡"对话框，分别对中间调、阴影、高光进行调整，如图 10-9 所示。

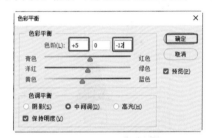

图10-9　调整色彩平衡

步骤 09 按 Ctrl+L 快捷键，打开"色阶"对话框，从中设置色阶参数，如图 10-10 所示。

图10-10　调整色阶参数

10.3　酒店大堂细部的刻画

现在的整体效果有了一些改变，但是局部有些地方还是不够理想，如天花、地面等，都需要单独调整，如图 10-11 所示。

图10-11 调整色阶后的效果

图10-12 创建地面选区

步骤 01 确认"图层1"图层为当前图层,单击工具箱中的 ⬚ (魔棒工具)按钮,在图像中单击地面的绿色区域,如图 10-12 所示。

步骤 02 在"图层"面板中返回"背景拷贝"图层,按 Ctrl+J 快捷键把选区单独复制为一个图层。按 Ctrl + L 快捷键,打开"色阶"对话框,调整图像的亮度,如图 10-13 所示。

图10-13 调整图像的亮度

步骤 03 按 Ctrl + B 快捷键,打开"色彩平衡"对话框,调整地面色调,如图 10-14 所示。地面的整体有点平淡,我们需要的效果应该是近处稍微暗一点,远处亮一点,这样才有空间感。

步骤 04 按 G 键,快速打开 ▣ (渐变工具)。按 Q 键,快速打开蒙版,使用渐变工具在图像中从下往上拖动,拉出一个红色的透明渐变。再按 Q 键,此时的渐变就会变成选区,如图 10-15 所示。

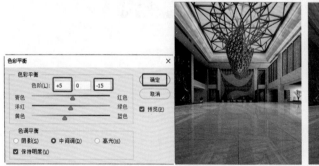

图10-14 调整色调

图10-15 使用渐变得到的选区

步骤 05 按 Ctrl + L 快捷键,打开"色阶"对话框,将地面的下面部分调暗,如图 10-16 所示。

步骤 06 选择"图层1"图层,在工具箱中选择 ⬚ (魔棒工具),创建顶部乳胶漆区域,如图 10-17 所示。

步骤 07 选择"背景拷贝"图层,按 Ctrl+J 快捷键,复制选区中的图像到新的图层中,如图 10-18 所示。

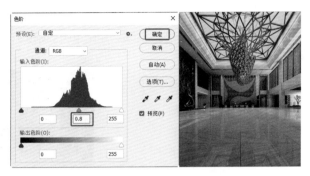

图10-16 设置色阶参数

图10-17 创建顶部乳胶漆区域　　　　　　图10-18 复制选区中的图像到新图层

步骤08 按 Ctrl+B 快捷键，弹出"色彩平衡"对话框，从中调整色彩平衡参数，如图 10-19 所示。

步骤09 选择"图层 1"图层，使用 ✦ （魔棒工具）选择墙面石材区域，如图 10-20 所示。

图10-19 调整顶部乳胶漆的色彩平衡　　　　　　图10-20 创建墙面选区

步骤10 选择"背景拷贝"图层，按 Ctrl+J 快捷键，复制选区中的图像到新的图层中，如图 10-21 所示。

步骤11 按 Ctrl+L 快捷键，在弹出的"色阶"对话框中调整色阶的参数，如图 10-22 所示。

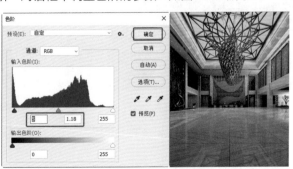

图10-21 复制墙面石材到新的图层中　　　　　　图10-22 调整色阶

10.4 为酒店大堂效果图添加配景

本例中添加的配景素材包括概念性的人物、钟表、植物以及窗外的风景。其中，为场景添加人物素材是这类工装效果图后期处理中一个不可或缺的环节，因为场景中添加了人物配景后，不仅丰富了画面内容，使画面更加贴近生活，更加富有生活气息；同时，添加的人物还为场景提供了一个直观的空间尺度。另外，为了增强画面的真实感、层次感，还要为场景添加风景。

步骤)01 打开"素材文件\第 10 章\人物 .psd"文件，如图 10-23 所示。

图10-23　打开的图像文件

步骤)02 使用工具箱中的 ⊕（移动工具）将左上方的人物拖到正在处理的酒店大堂效果图中，调整其大小及位置，效果如图 10-24 所示。

图10-24　调整人物的位置

这个人物给人以走动的感觉，所以要制作出走的样子，带有动感模糊的效果。

步骤)03 选择 ▢（矩形选区工具），在工具选项栏

中设置"羽化"为 20 像素，选择人物的一半进行设置，如图 10-25 所示。

图10-25　创建选区

步骤)04 执行菜单栏中的"滤镜"|"模糊"|"动感模糊"命令，在弹出的对话框中调整参数，如图 10-26 所示。按 Ctrl+D 快捷键取消选区的选择。

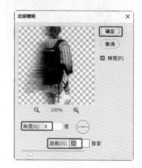

图10-26　设置动感模糊参数

步骤)05 通过"色彩平衡"命令对人物的色调进行调整，使其与整体的环境一致，如图 10-27 所示。

图10-27　调整人物的色调

由于地面都是大理石的材质，所以地面上应该有倒影，下面为人物制作出倒影效果。

步骤 06 将调整好的人物图层复制，并将复制后的图像调整到原图层的下方。

步骤 07 按 Ctrl+T 快捷键，弹出自由变换框，右击，在弹出的快捷菜单中选择"垂直翻转"命令，如图 10-28 所示。

图10-28　将图像垂直翻转

步骤 08 在"图层"面板中将倒置人物图层的"不透明度"改为 20%，下面部分可以用橡皮擦除一些，此时图像效果如图 10-29 所示。

图10-29　制作的倒影

步骤 09 将制作好的两个人物图层合并或者链接起来，方便移动或者操作。

步骤 10 用同样的方法将其他人物拖到合适的位置，并对其色调及透视进行调整，效果如图 10-30 所示。

步骤 11 打开"素材文件 \ 第 10 章 \ 植物 .psd"文件，将素材分别放置到合适的位置，调整大小及透视，最后为其制作出倒影，如图 10-31 所示。

图10-30　添加的人物

图10-31　添加的植物

步骤 12 打开"素材文件 \ 第 10 章 \ 光晕 .psd"文件，将光晕拖到正在处理的酒店大堂效果图中，调整它的大小后将其移动至合适位置，然后进行复制。将吊灯及形象墙的琉璃彩色调整得鲜艳一些，如图 10-32 所示。

图10-32　添加光晕后的效果

步骤 13 在"图层"面板的下方单击 按钮，在弹出的菜单中选择"亮度 / 对比度"选项，设置"亮度 / 对比度"的参数，如图 10-33 所示。

步骤 14 用同样的方法为其添加一个"色彩平衡"，调整整体的色调，如图 10-34 所示。

图10-33　设置亮度/对比度　　　　　　　　　　　图10-34　设置色彩平衡

步骤 15 至此，本案例制作完成，将完成的效果进行存储。

10.5　小结

　　本章系统地介绍了室内酒店大堂效果图后期处理的方法和技巧。通过对本章知识的学习，希望读者能够对该类工装性质空间的后期处理有一个大体的认识和了解。

　　效果图后期处理主要依靠设计师较强的审美能力和想象力，所以读者一定要注意培养自己这方面的能力。

第

11

章

别墅效果图的后期处理

本章将对一幅别墅建筑效果图进行后期处理。别墅效果图后期处理的难点在于素材的摆放，这是一件复杂的工作。另外，还需要有专业的美术功底以及懂得景观设计的效果图从业人员，为素材处理远近虚实以及透视比例的关系，近景颜色鲜艳，饱和度高，远景朦胧雾化的统一与对比的色彩关系都必须拿捏到位。如果出现一点问题，就会导致效果图出现问题，并直接影响设计的成败。

课堂学习目标

◇了解别墅效果图后期处理的构思
◇了解调整建筑的方法
◇了解效果图细节的调整技巧
◇掌握添加天空背景的方法
◇掌握植物和人物的添加与调整技巧
◇掌握整体效果的调整技巧

11.1　别墅效果图后期处理的构思

本章介绍如何对别墅效果图进行后期处理。图 11-1 所示为效果图和后期处理的效果对比。

图11-1　别墅效果图处理的前后对比

在 3ds Max 软件中进行室外效果图的后期处理，不仅难度大，而且还不真实。为了正确地表现效果图的环境氛围，衬托主体建筑，通常在 Photoshop 软件中对效果图进行后期制作。一般都采用为效果图场景添加配景的方法，使效果图体现出真实自然的感觉。这些配景一般包括天空、草地、辅助建筑、人物、建筑配套设施等，它们的存在将直接影响整幅效果图的最终表现效果，可以让画面内容更加丰富。可以这么说，一幅好的效果图是主体建筑本身与周围环境完美结合的产物，周围环境处理得好坏将直接关系效果图的成败。

11.2　调整建筑

在 3ds Max 软件中输出的图片经常会发灰，玻璃及建筑墙面的质感不是很理想，这时就需要使用

Photoshop 软件中的工具或命令选择要调整的区域并进行调整，直到满意为止。

步骤 01 打开"素材文件 \ 第 11 章 \ 别墅渲染 .tga、别墅通道 1.tif、别墅通道 2.tif 和别墅阴影通道 .tga"文件，如图 11-2~ 图 11-5 所示。

图11-2　打开别墅效果图

图11-3　打开通道1

图11-4　打开通道2

图11-5　打开阴影通道

提示 这里提供阴影通道主要是备用，如果对效果图中的阴影和高光满意，则该图就没有必要使用了；如果觉得效果图中阴影和高光没有达到想要的效果，可以根据该图创建阴影或高光选区，来对阴影或高光隐形调整。

步骤02 将各种通道拖曳到效果图中，为通道命名相

应的图层名称。可以看到效果图有 Alpha1 通道，选择该通道，单击 ⟳（将路径作为选区载入）按钮，如图 11-6 所示。

步骤03 载入通道选区后，选择"背景"图层，按 Ctrl+J 快捷键，将选区中的图像复制到新的图层中，命名复制的图层为"建筑"，如图 11-7 所示。

步骤04 在菜单栏中选择"图像"|"调整"|"亮度/对比度"命令，在弹出的对话框中设置合适的亮度/对比度参数，如图 11-8 所示。

图11-6　载入通道选区

图11-7　复制并命名图层

图11-8　设置亮度/对比度

11.3 效果图细节的调整

下面将对渲染出的效果图细节进行调整。

步骤01 在"图层"面板中选择"通道2"，使用 ✨ （魔棒工具）选择如图 11-9 所示的右下路面区域。

图11-9 创建选区

步骤02 创建选区后，在"图层"面板中选择"建筑"图层，按 Ctrl+J 快捷键，复制选区中的图像到新的图层，命名图层为"马路1"。按 Ctrl+M 快捷键，在弹出的对话框中调整曲线，如图 11-10 所示。

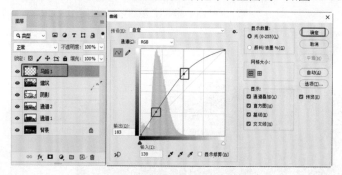

图11-10 调整马路1的曲线

步骤03 选择"通道2"图层，使用 ✨ （魔棒工具）创建马路选区，如图 11-11 所示。

图11-11 创建道路选区

步骤04 选择"建筑"图层，按 Ctrl+J 快捷键，将选区中的图像复制到新的图层中，命名图层为"马路2"。选择 🔍（减淡工具），设置合适的柔边笔触，并设置合适的"曝光度"，如图 11-12 所示。

曲线的形状，如图 11-17 所示。

图11-15　调整"马路2"图层的加深效果

图11-12　设置"减淡工具"选项

步骤05 使用 🔍（减淡工具）调整"马路 2"图层的减淡效果，使图像有明暗层次变化，如图 11-13 所示。

图11-13　设置图像的减淡

步骤06 在工具箱中选择 ◔（加深工具），在选项栏中设置合适的画笔柔边笔触，以及合适的"曝光度"，如图 11-14 所示。

图11-14　设置"加深工具"参数

步骤07 使用 ◔（加深工具）调整"马路 2"图层的效果，使图像有明暗层次变化，如图 11-15 所示。

步骤08 选择"通道 2"，使用 ✨（魔棒工具）创建草地选区，如图 11-16 所示。

步骤09 选择"建筑"图层，按 Ctrl+J 快捷键，将选区中的草地图像复制到新的图层中，命名图层为"草地"。按 Ctrl+M 快捷键，在弹出的对话框中调整

图11-16　创建草地选区

步骤10 确定"草地"图层处于选择状态，按 Ctrl+B 快捷键，在弹出的对话框中调整色彩平衡的参数，如图 11-18 所示。

步骤11 继续打开"色彩平衡"对话框，从中选择"色调平衡"为"高光"，并设置合适的色彩平衡参数，如图 11-19 所示。

步骤12 选择"通道 2"图层，使用 ✨（魔棒工具）创建路肩选区，如图 11-20 所示。

步骤13 选择"建筑"图层，按 Ctrl+J 快捷键，复制选区图像到新图层中，命名图层为"路肩"。按 Ctrl+M 快捷键，在弹出的对话框中调整曲线，如图 11-21 所示。

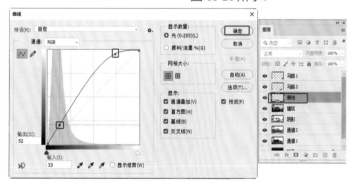

图11-17　调整草地的曲线

图11-18　调整草地的色彩平衡

图11-19　继续设置高光的色彩平衡

图11-20　创建路肩选区

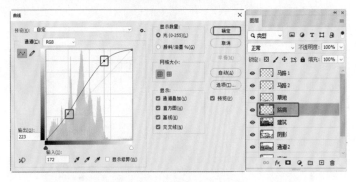

图11-21　调整路肩的曲线

步骤 14 调整路肩后，得到如图 11-22 所示的效果。

步骤 15 选择"通道 2"图层，使用 ✦（魔棒工具）在植物的红叶位置创建选区，如图 11-23 所示。

图11-22 调整路肩后的效果

图11-23 创建红叶植物选区

步骤16 减选左侧的红叶植物选区，如图 11-24 所示。

图11-24 减选植物选区

步骤17 按 Ctrl+J 快捷键，将选区中的区域复制到新的图层中，命名图层为"红叶植物"。按 Ctrl+M 快捷键，在弹出的对话框中调整曲线的形状，如图 11-25 所示。

步骤18 调整"红叶植物"的曲线效果，如图 11-26 所示。

步骤19 使用 ✐（魔棒工具）选择"通道 2"图层，选择石路选区，如图 11-27 所示。

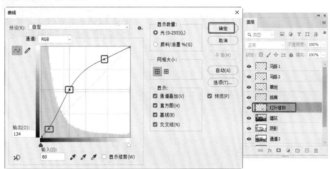

图11-25 调整图像的曲线

图11-26 调整红叶植物的曲线

图11-27 创建石路选区

步骤20 选择"建筑"图层，按 Ctrl+J 快捷键，复制选区中的图像到新的图层中，命名图层为"石路"。按 Ctrl+M 快捷键，在弹出的对话框中调整曲线，如图 11-28 所示。

步骤21 选择"通道 2"图层，使用 ✐（魔棒工具）创建信箱的选区，如图 11-29 所示。

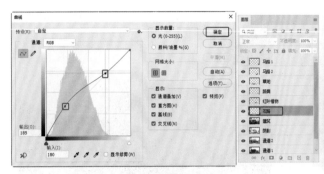

图11-28 调整石路的曲线

图11-29 创建信箱选区

步骤)22 选择"建筑"图层，按 Ctrl+J 快捷键，将选区中的图像复制到"信箱"图层。按 Ctrl+M 快捷键，在弹出的对话框中调整曲线，如图 11-30 所示。

步骤)23 选择"通道 2"图层，使用 （魔棒工具）创建门墩选区，如图 11-31 所示。

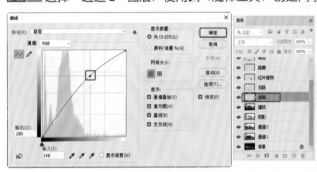

图11-30 调整曲线

图11-31 创建门墩选区

步骤)24 选择"建筑"图层，按 Ctrl+J 快捷键，复制选区中的图像到新的图层中，命名图层为"门墩"。按 Ctrl+M 快捷键，在弹出的对话框中调整曲线形状，如图 11-32 所示。

步骤)25 调整门墩后的效果如图 11-33 所示。

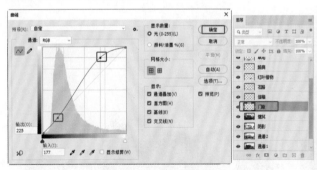

图11-32 调整门墩的效果

图11-33 调整门墩后的效果

步骤)26 选择"通道 2"图层，使用 （魔棒工具）创建门墩上选区，如图 11-34 所示。

步骤)27 选择"建筑"图层，按 Ctrl+J 快捷键，复制选区中的图像到新的图层中，命名图层为"门墩上"。按 Ctrl+M 快捷键，在弹出的对话框中调整曲线形状，如图 11-35 所示。

步骤)28 调整门墩上的效果如图 11-36 所示。

步骤)29 选择"通道 2"图层，使用 （魔棒工具）创建围墙选区，如图 11-37 所示。

步骤)30 选择"建筑"图层，按 Ctrl+J 快捷键，复制选区中的图像到新的图层中，命名图层为"围墙"。按 Ctrl+M 快捷键，在弹出的对话框中调整曲线形状，如图 11-38 所示。

图11-34 创建门墩上选区

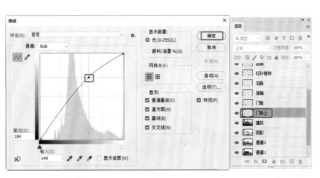

图11-35 调整门墩上的曲线

图11-36 调整门墩上的效果

图11-37 创建围墙选区

步骤31 调整后的围墙效果如图 11-39 所示。

图11-38 调整围墙曲线

图11-39 调整后的围墙效果

步骤32 选择"通道 2"图层，使用 (魔棒工具)创建遮阳伞选区，如图 11-40 所示。

步骤33 选择"建筑"图层，按 Ctrl+J 快捷键，复制选区中的图像到新的图层中，命名图层为"遮阳伞"。按 Ctrl+M 快捷键，在弹出的对话框中调整曲线形状，如图 11-41 所示。

图11-40 创建遮阳伞选区

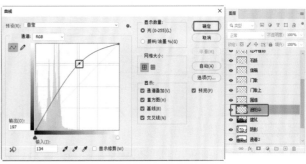

图11-41 调整遮阳伞的曲线

步骤34 选择"通道 2"图层，使用 🖌（魔棒工具）创建一层墙体选区，如图 11-42 所示。

步骤35 选择"建筑"图层，按 Ctrl+J 快捷键，复制选区中的图像到新的图层中，命名图层为"一层墙"。按 Ctrl+M 快捷键，在弹出的对话框中调整曲线形状，如图 11-43 所示。

图11-42　创建一层墙体选区　　　　　　　　　　图11-43　调整一层墙体的曲线

步骤36 调整后的一层墙体效果如图 11-44 所示。

步骤37 选择"通道 2"图层，使用 🖌（魔棒工具）创建一层中的装饰选区，如图 11-45 所示。

图11-44　调整的一层墙体效果　　　　　　　　　图11-45　创建一层中的装饰选区

步骤38 选择"建筑"图层，按 Ctrl+J 快捷键，复制选区中的图像到新的图层中，命名图层为"一层中"。按 Ctrl+M 快捷键，在弹出的对话框中调整曲线形状，如图 11-46 所示。

步骤39 调整一层中的效果如图 11-47 所示。

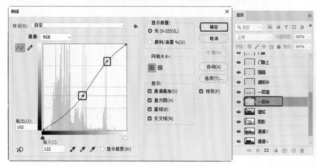

图11-46　调整一层中的效果　　　　　　　　　　图11-47　调整的一层中效果

步骤40 选择"通道 2"图层，使用 🖌（魔棒工具）创建壁灯选区，如图 11-48 所示。

步骤41 选择"建筑"图层，按 Ctrl+J 快捷键，复制选区中的图像到新的图层中，命名图层为"壁灯"。按 Ctrl+U 快捷键，在弹出的对话框中勾选"着色"复选框，调整合适的色相 / 饱和度参数，如图 11-49 所示。

步骤42 调整图像的颜色后如图 11-50 所示。使用 ▢（矩形选框工具）创建壁灯的支架区域。

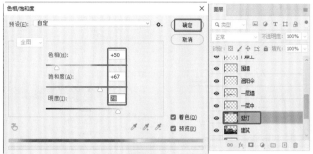

图11-48　创建壁灯选区　　　　　　　　　　　图11-49　调整壁灯的色相/饱和度

步骤43 按 Delete 键，删除选区中的图像，如图 11-51 所示。

步骤44 选择"通道 2"图层，使用 ✎（魔棒工具）创建二三层墙体选区，如图 11-52 所示。

图11-50　调整壁灯的颜色　　　　图11-51　删除选区中的图像　　　　图11-52　创建二三层墙体选区

步骤45 选择"建筑"图层，按 Ctrl+J 快捷键，复制选区中的图像到新的图层中，命名图层为"二三楼墙体"。按 Ctrl+U 快捷键，在弹出的对话框中调低"饱和度"的参数，如图 11-53 所示。

步骤46 选择"通道 2"图层，使用 ✎（魔棒工具）创建二三层墙体装饰选区，如图 11-54 所示。

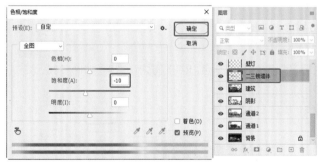

图11-53　调整二三层墙体的饱和度　　　　　图11-54　创建二三层墙体装饰选区

步骤47 选择"建筑"图层，按 Ctrl+J 快捷键，复制选区中的图像到新的图层中，命名图层为"二三墙装饰"。按 Ctrl+U 快捷键，在弹出的对话框中调低"饱和度"的参数，如图 11-55 所示。

步骤48 选择"通道 2"图层，使用 ✎（魔棒工具）创建房顶选区，如图 11-56 所示。

步骤49 选择"建筑"图层，按 Ctrl+J 快捷键，复制选区中的图像到新的图层中，命名图层为"屋顶"。按 Ctrl+M 快捷键，在弹出的对话框中调整曲线形状，如图 11-57 所示。

步骤50 调整效果图的局部效果后，在"图层"面板中单击 ▭（创建新组）按钮，创建图层组，命名图层组为"局部调整"。将调整的效果图细节放至该组，如图 11-58 所示。

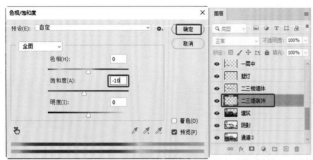

图11-55　调整二三层墙体装饰的饱和度

图11-56　创建房顶选区

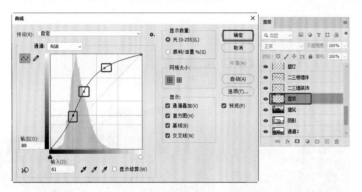

图11-57　调整屋顶的曲线

图11-58　放置图层到图层组中

11.4　添加天空背景

在制作室外效果图的天空背景时，一般是直接调用现成的图片，因为这样的画面显得更真实、自然。

步骤 01　在工具箱中设置前景色，在弹出的"拾色器（前景色）"对话框中设置 RGB 值为（58、105、161），如图 11-59 所示。

步骤 02　单击背景色，在弹出的"拾色器（背景色）"对话框中设置 RGB 值为（124、190、230），如图 11-60 所示。

图11-59　设置前景色

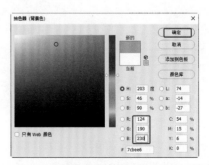

图11-60　设置背景色

步骤 03　在工具箱中选择 ■.（渐变工具），在选项栏中设置前景色到背景色的渐变，如图 11-61 所示。

步骤 04　在"图层"面板中新建图层"天空"，将图层放至"建筑"图层的下方，使用 ■.（渐变工具）由上向下填充渐变，如图 11-62 所示。

图11-61 设置渐变

图11-62 创建并填充图层

步骤)05 打开"素材文件\第 11 章\半天空 01.psd"
文件，如图 11-63 所示。

置，如图 11-68 所示。

图11-65 打开半天空02

图11-63 打开半天空01素材

步骤)06 使用 ✛ (移动工具) 将半天空 01 素材拖曳
到效果图中，将其所在的图层放至"天空"图层的
上方，如图 11-64 所示。

图11-66 添加半天空02素材

图11-64 添加半天空01

步骤)07 打开"素材文件\第 11 章\半天空 02.psd"
文件，如图 11-65 所示。

步骤)08 使用 ✛ (移动工具) 将半天空 02 素材拖曳
到效果图中，将其所在的图层放至半天空 01 图层
的上方，如图 11-66 所示。

步骤)09 打开"素材文件\第 11 章\白云 .psd"文件，
如图 11-67 所示。

步骤)10 将白云素材拖曳到效果图中，放至合适的位

图11-67 打开白云素材

图11-68　拖曳白云素材到效果图中

步骤11 在"图层"面板中单击 ▢（创建新组）按钮，命名图层组的名称为"天空"，将作为天空和白云的素材图层放至该图层组中，如图 11-69 所示。

图11-69　将图层放至图层组中

11.5　植物和人物的添加与调整

由于该效果图中的植物已在 3ds Max 中添加，所以只需在后期对植物进行调整、美化，并添加人物素材来增加效果图的生机。

步骤01 打开"素材文件\第 11 章\远景树 .psd"文件，在需要添加的素材上右击鼠标，在弹出的快捷菜单中选择对应的植物素材图层，如图 11-70 所示。

步骤02 将选择的植物素材拖曳到效果图中，调整素材的大小和位置，如图 11-71 所示。

步骤03 将"建筑"图层和"调整局部"图层组隐藏，观察添加的背景植物，如图 11-72 所示。

步骤04 可以看到近景的树枝叶子多出了几片，不是很协调；别墅后的植物树叶太过稀松。图 11-73 所

示是对该瑕疵进行调整的效果。

图11-70　打开的植物素材

图11-71　添加植物素材

图11-72　远景植物

图11-73　当前效果

步骤05 继续添加或复制植物，放到别墅后树叶稍稀疏的树的后面，调整素材的角度、大小和位置，如图 11-74 所示。

图11-74 添加植物

步骤06 选择"建筑"图层，使用 ✎（橡皮擦工具）将近景植物探头多余的树叶擦除，如图 11-75 所示。

图11-75 擦除树叶

步骤07 打开"素材文件\第 11 章\人 .psd"文件，如图 11-76 所示。

图11-76 打开素材

步骤08 添加人物素材到合适的位置，调整合适的大小，如图 11-77 所示。

图11-77 添加人物素材

11.6 调整整体效果

一般情况下，添加完配景后，需要统一调整，也就是使配景和建筑成为一个整体。

步骤01 按 Ctrl+Shift+Alt+E 快捷键，盖印所有图像到新的图层，将图层放置到面板的顶部，如图 11-78 所示。

步骤02 在菜单栏中选择"滤镜"|"其他"|"高反差保留"命令，在弹出的对话框中设置"半径"为 1.5 像素，单击"确定"按钮，如图 11-79 所示。

图11-78 盖印图层　图11-79 设置高反差保留参数

步骤03 设置图层的混合模式为"线性光"，加深效果图的清晰度，如图 11-80 所示。

图11-80 设置图层的混合模式

步骤 04 按 Ctrl+Shift+Alt+E 快捷键，再次盖印图层，设置图层的混合模式为"正片叠底"，如图 11-81 所示。

图11-81　设置图层的混合模式

步骤 05 使用 ⬛（橡皮擦工具）擦除中间的图像，制作出压暗四周的效果；设置图层的"不透明度"为 50%，如图 11-82 所示。

图11-82　设置出的压暗四周效果

11.7　小结

本章介绍了别墅效果图的后期处理方法，综合使用前面几章介绍的工具和命令，对该图进行调整。渲染出的效果图层次和色彩一般不明显，通过调整过程可学习建筑效果图整体的制作流程。

第

12

章

居民楼效果图的后期处理

本章带领大家来制作一幅住宅设计方案效果图。在这里要体现住宅的外部环境，强调环境与建筑的对称与协调，两者相辅相成、相映成趣，通过主体建筑、环境氛围营造及配景添加等诸多方面的结合，体现出建筑环境的整体性，会其色调统一、环境优雅。环境因建筑而更加迷人，建筑也因环境更具持久的生命力。希望通过此范例的制作，读者能够掌握居民楼环境氛围营造方面的制作流程和技法。

课堂学习目标

◇ 了解居民楼效果图后期处理的构思
◇ 了解调整建筑的方法
◇ 掌握设置环境和配景的方法
◇ 掌握整体效果的调整技巧

12.1　居民楼效果图后期处理的构思

本章制作的居民楼效果图的前后效果如图 12-1 所示。

图12-1　居民楼效果图处理的前后对比

在进行效果图后期处理时，为了表现环境，衬托主体建筑，往往会为场景添加一些用来增强生活气息的天空、植物、路灯、小区配套设施、人物等配景素材，这些配景虽然不是效果图场景的主体部分，但是它们对画面整体效果的表现起到了陪衬的作用。一幅完整的效果图，是建筑主体与周围环境完美结合的产物。

在效果图后期处理方面，多少会有一些规律可循。在这里笔者总结了一部分关于住宅建筑环境氛围营造方面的处理要点供读者参考。

- 住宅环境的整体布局方面：所谓整体布局，是指场景中各个配景的摆放位置、色彩的搭配等。首先从构图角度来讲，要求场景的构图在统一中求变化、在变化中求统一。同时，应根据场景所反映的节气及时间进行色彩的搭配、配景素材的选择，因为不同的节气和时间所要求的配景种类、配景色彩都不一样。另外，要时刻

注意配景在画面中所占的比重，既不能使某个区域挤得太满，也不能使某个区域太过空旷。把握好这些方面，就能把握好场景的整体布局。

- 环境配景素材的处理：为了表现画面中环境的真实性，添加的配景素材不能粗制滥造。另外，不管配景素材多么完美无缺，也是为烘托主体建筑而设的，所以添加的配景素材在画面中不能太突出，要充分考虑配景素材与画面氛围的和谐统一。在使用配景素材时，不要对配景素材毫无节制地进行复制、粘贴。这虽然省事，但容易使画面显得太过统一，缺少变化。另外，场景中配景素材的种类也不宜过多，否则画面就会显得混乱。由此可见，每幅建筑效果图中配景的选择、添加都要用心去推敲，以确保画面良好的整体感。

- 环境的整体调整：将所有的配景素材各就各位后，最后的工作就是对小区环境进行整体调整。这一步是为了使画面效果显得更加清澈、透明。

12.2　调整建筑

对于建筑图来说，建筑主体的效果非常重要，所以一定要对主体进行调整，主要调整它的明暗、色调、虚实变化等；有必要的话，还要调整一下细部，以免影响后期建筑效果表现。

1. 调整主体建筑色调

下面将对建筑的色调进行调整。

步骤01 打开"素材文件\第 12 章\小区渲染 .tga"文件，如图 12-2 所示。

图12-2　打开的效果图

步骤02 打开"素材文件\第12章\阴影通道.tif"文件，如图12-3所示。

图12-3　打开阴影通道

步骤03 打开"素材文件\第12章\分层通道.tif"文件，如图12-4所示。

图12-4　打开分层通道

步骤04 打开"素材文件\第12章\建筑通道.tga"文件，如图12-5所示。

图12-5　打开建筑通道

步骤05 将各种通道拖曳到效果图中，为通道图层命名。效果图有Alpha1，选择Alpha1通道，单击 ○（将路径作为选区载入）按钮；选中RGB通道，并选择"背景"图层，按Ctrl+J快捷键，复制选区中的建筑到新的图层中，调整图层到面板的顶部，并命名图层为"建筑"，如图12-6所示。

步骤06 在"图层"面板中选择"分层通道"，使用 ✦（魔棒工具）选择如图12-7所示的区域，创建选区。

图12-6　载入通道选区

图12-7　创建建筑选区

步骤 07 选择"建筑"图层，按Ctrl+J快捷键，将选区中的图像复制到新的图层中，命名图层为"近景建筑墙"。按 Ctrl+B 快捷键。在弹出的对话框中设置合适的色彩平衡参数，还原建筑原本色调，如图 12-8 所示。

图12-8　复制选区中的图像到新图层中

步骤 08 在"图层"面板中选择"分层通道"，使用 ✐ （魔棒工具）选择如图 12-9 所示的区域，创建选区。

图12-9　创建选区

步骤 09 选择"建筑"图层，按Ctrl+J快捷键，将选区中的图像复制到新的图层中，命名图层为"近景建筑墙下"。按 Ctrl+B 快捷键，在弹出的对话框中设置合适的色彩平衡参数，还原原本色调，如图 12-10 所示。

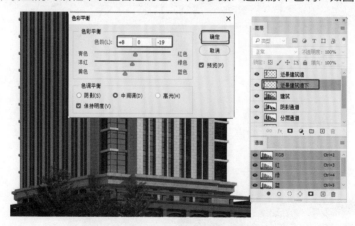

图12-10　设置近景建筑墙下的色彩平衡

步骤 10 在"图层"面板中选择"分层通道"，使用 ✐ （魔棒工具）选择如图 12-11 所示的区域，创建选区。

图12-11 创建选区

步骤11 选择"建筑"图层，按 Ctrl+J 快捷键，将选区中的图像复制到新的图层中，命名图层为"门头房墙"。按 Ctrl+B 快捷键，在弹出的对话框中设置合适的色彩平衡参数，还原原本色调，如图 12-12 所示。

图12-12 设置门头房墙的色彩平衡

步骤12 在"图层"面板中选择"分层通道"，使用 ✐（魔棒工具）选择如图 12-13 所示的区域，创建选区。

图12-13 创建选区

步骤13 选择"建筑"图层，按 Ctrl+J 快捷键，将选区中的图像复制到新的图层中，命名图层为"建筑墙体"。按 Ctrl+B 快捷键，在弹出的对话框中设置合适的色彩平衡参数，还原原本色调，如图 12-14 所示。

图12-14 设置建筑墙体的色彩平衡

2. 调整配景色调

调整建筑后，下面将调整马路和植物的效果。

步骤 01 在"图层"面板中选择"分层通道"，使用 ✐（魔棒工具）选择如图 12-15 所示的区域，创建选区。

图12-15 创建选区

步骤 02 选择"建筑"图层，按 Ctrl+J 快捷键，将选区中的图像复制到新的图层中，命名图层为"路面"。在菜单栏中选择"图像"|"调整"|"亮度/对比度"命令，在弹出的对话框中调整合适的亮度/对比度，如图 12-16 所示。

图12-16 设置路面的亮度/对比度

步骤 03 在"图层"面板中选择"分层通道"，使用 ✐（魔棒工具）选择如图 12-17 所示的区域，创建选区。

图12-17 创建选区

步骤 04 选择"建筑"图层，按 Ctrl+J 快捷键，将选区中的图像复制到新的图层中，命名图层为"马路"。按 Ctrl+B 快捷键，在弹出的对话框中设置合适的色彩平衡参数，还原原本色调，如图 12-18 所示。

图12-18 调整马路的色彩平衡

步骤 05 确定"马路"图层处于选择状态，在菜单栏中选择"图像"|"调整"|"亮度/对比度"命令，在弹出的对话框中设置合适的亮度/对比度参数，如图 12-19 所示。

图12-19 调整马路的亮度/对比度

步骤)06 在"图层"面板中选择"分层通道",使用 🪄(魔棒工具)选择如图 12-20 所示的区域,创建选区。

图12-20　创建选区

步骤)07 选择"建筑"图层,按 Ctrl+J 快捷键,将选区中的图像复制到新的图层中,命名图层为"花箱"。按 Ctrl+B 快捷键,在弹出的对话框中设置合适的色彩平衡参数,还原原本色调,如图 12-21 所示。

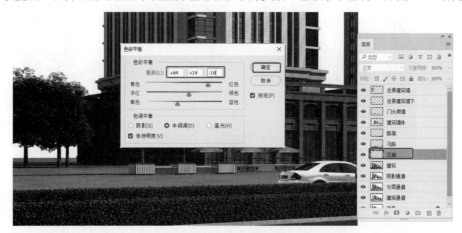

图12-21　调整花箱的色彩平衡

步骤)08 在"图层"面板中选择"分层通道",使用 🪄(魔棒工具)选择如图 12-22 所示的区域,创建选区。

图12-22　创建选区

步骤 09 选择"建筑"图层，按 Ctrl+J 快捷键，将选区中的图像复制到新的图层中，命名图层为"花箱大理石"。在菜单栏中选择"图像"|"调整"|"亮度/对比度"命令，设置合适的参数，如图 12-23 所示。

图12-23 设置花箱大理石的亮度和对比度

步骤 10 在"图层"面板中选择"分层通道"，使用 ⚡（魔棒工具）选择如图 12-24 所示的区域，创建选区。

图12-24 创建选区

步骤 11 选择"建筑"图层，按 Ctrl+J 快捷键，将选区中的图像复制到新的图层中，命名图层为"遮阳伞"。在菜单栏中选择"图像"|"调整"|"亮度/对比度"命令，在弹出的对话框中勾选"使用旧版"复选框，设置合适的参数，如图 12-25 所示。

图12-25 设置遮阳伞的亮度/对比度

步骤 12 在"图层"面板中选择"分层通道",使用 ✎(魔棒工具)选择如图 12-26 所示的区域,创建选区。

图12-26　创建植物选区

步骤 13 选择"建筑"图层,按 Ctrl+J 快捷键,将选区中的图像复制到新的图层中,命名图层为"植物01"。按 Ctrl+B 快捷键,在弹出的对话框中设置合适的色彩平衡参数,加深绿色色调,如图 12-27 所示。

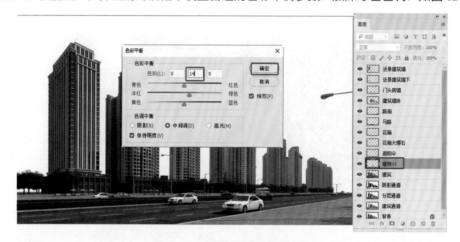

图12-27　调整植物01的色彩平衡

步骤 14 在"图层"面板中选择"分层通道",使用 ✎(魔棒工具)选择如图 12-28 所示的区域,创建选区。

图12-28　创建植物选区

步骤 15 选择"建筑"图层,按 Ctrl+J 快捷键,将选区中的图像复制到新的图层中,命名图层为"植物02"。按 Ctrl+B 快捷键,在弹出的对话框中设置合适的色彩平衡参数,加深植物的绿色,如图 12-29 所示。

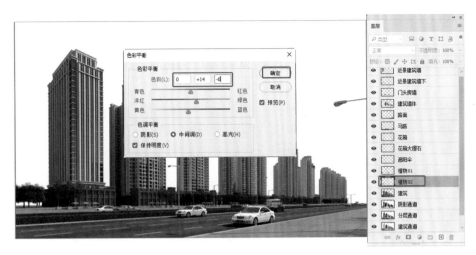

图12-29 调整植物02的色彩平衡

步骤16 在"图层"面板中选择"分层通道"，使用 ✎（魔棒工具）选择如图 12-30 所示的区域，创建选区。

图12-30 创建绿篱选区

步骤17 选择"建筑"图层，按 Ctrl+J 快捷键，将选区中的图像复制到新的图层中，命名图层为"绿篱"。
按 Ctrl+B 快捷键，在弹出的对话框中设置合适的色彩平衡参数，加深绿色，如图 12-31 所示。

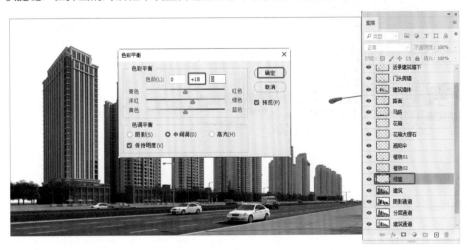

图12-31 设置绿篱的色彩平衡

12.3　设置环境和配景

下面将为效果图添加背景天空，设置辅楼的雾效，并添加和调整植物与人物素材，以及设置阴影和玻璃效果。

1. 设置背景和远景雾效

下面首先为效果图添加背景和远景雾效。

步骤 01 在工具箱中单击前景色，在弹出的对话框中设置 RGB 值为（110、175、232），如图 12-32 所示。

步骤 02 在工具箱中单击背景色，在弹出的对话框中设置 RGB 值为（247、255、253），如图 12-33 所示。

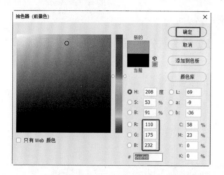　　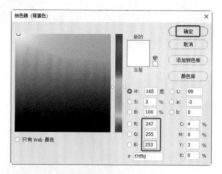

图12-32　设置前景色　　　　　　　　　　图12-33　设置背景色

步骤 03 在"图层"面板中新建"天空"图层，将其放置到"建筑"图层的下方。选择 ■（渐变工具），设置渐变类型为前景色到背景色的渐变，填充"天空"图层，如图 12-34 所示。

图12-34　填充天空渐变

提示 将相应的图层放置到同一个图层组中，可便于管理。

步骤 04 在"图层"面板中选择"建筑通道"图层，使用 ✎（魔棒工具）选择如图 12-35 所示的辅助建筑选区。

步骤 05 在工具箱中设置前景色的 RGB 值为（188、221、244），如图 12-36 所示。

步骤06 选择■.（渐变工具），设置渐变类型为前景色到透明的渐变，如图 12-37 所示。

图12-35　创建建筑选区　　　　　　　　　图12-36　设置前景色　　　　　　　图12-37　设置渐变类型

步骤07 确定创建的选区处于选择状态，在"图层"面板中新建"建筑遮罩"图层，填充选区渐变，如图 12-38 所示。填充渐变后，按 Ctrl+D 快捷键，取消选区的选择。

图12-38　填充渐变

步骤08 选择"建筑遮罩"图层，设置图层的"不透明度"为 40%，如图 12-39 所示。

图12-39　设置图层的不透明度

步骤09 使用同样的方法创建建筑遮罩效果，如图 12-40 所示。

步骤10 将相应的图层放置到图层组中，以便于管理，如图 12-41 所示。

图12-40　使用同样的方法设置建筑遮罩

图12-41　创建图层组

2. 添加远景建筑和植物

下面为效果图添加远景建筑和植物。

步骤 01 打开"素材文件\第 12 章\远景建筑 .psd"文件，如图 12-42 所示。

图12-42　打开远景建筑素材

步骤 02 将"远景建筑"素材拖曳到效果图中，调整图层的位置，并设置图层的"不透明度"为 50%，如图 12-43 所示。

图12-43　设置图层的不透明度

步骤 03 打开"素材文件\第 12 章\远景树 .psd"文件，如图 12-44 所示。

步骤 04 选择需要的植物，将其放置到效果图中，调整素材到建筑的后面，设置合适的大小并调整相应图层的位置，如图 12-45 所示。

图12-44　打开远景树素材　　　　　　　　　　　　　图12-45　添加植物素材

步骤 05 将远景树和建筑的图层放至一个图层组中，如图 12-46 所示。

步骤 06 在"图层"面板中选择"分层通道"，使用 （魔棒工具）选择如图 12-47 所示的植物区域。

图12-46　放置图层到图层组　　　　　　　　　　　　图12-47　创建植物选区

步骤 07 创建选区后，选择"建筑"图层，按 Ctrl+J 快捷键，将选区中的图像复制到新的图层中。按 Ctrl+T 快捷键，调整素材的大小，并将该图层放置到"图层"面板的顶部，如图 12-48 所示。

图12-48　调整植物的效果

步骤08 按 Ctrl+U 快捷键，在弹出的对话框中降低"饱和度"，如图 12-49 所示。

图12-49　降低素材的饱和度

步骤09 对素材进行复制和调整。选择复制的作为门头上植物的图层，按 Ctrl+E 快捷键，合并为一个图层，将素材图层重命名为"门头上植物"，如图 12-50 所示。

图12-50　合并图层

步骤10 选择"分层通道"图层，使用 （魔棒工具）创建门头上墙体选区，如图 12-51 所示。

图12-51　创建门头选区

步骤11 选择"门头上植物"图层，单击 （添加蒙版）按钮创建蒙版。在"图层"面板中选择植物的蒙版窗口，使用"画笔工具"将蒙版其他区域隐藏掉，如图 12-52 所示。

图12-52　隐藏蒙版外的其他区域

3. 添加绿篱和人物

接下来为效果图添加绿篱和人物。

步骤)01 打开"素材文件 \ 第 12 章 \ 绿篱 .psd"文件，如图 12-53 所示。

步骤)02 选择需要的绿篱，将其拖曳到效果图中，调整素材的大小、位置和角度，如图 12-54 所示。

图12-53　打开的素材文件

图12-54　添加素材到效果图中

步骤)03 继续添加素材到效果图中，调整合适的大小，制作出绿篱的植物效果，如图 12-55 所示。将所有的绿篱图层放置到"绿篱"图层组中。

图12-55　添加植物素材

步骤)04 选择"分层通道"图层，使用 （魔棒工具）创建遮挡绿篱的车和电线杆的选区，如图 12-56 所示。

图12-56　创建遮挡物的选区

步骤)05 单击"图层"面板底部的 （添加蒙版）按钮，为"绿篱"图层组添加蒙版，完成后的绿篱效果如图 12-57 所示。

图12-57　设置绿篱的遮罩

步骤)06 打开"素材文件 \ 第 12 章 \ 人群 .psd"文件，如图 12-58 所示。

图12-58　打开人群素材

步骤)07 按 Ctrl+R 快捷键，在效果图中显示标尺，拖曳出一人高的一个辅助线，为效果图添加人物素材，如图 12-59 所示。

步骤)08 继续添加人物素材到效果图中，如图 12-60 所示。

图12-59　显示标尺并添加人物素材

图12-60　添加人物素材的效果

步骤)09 将添加到效果图中的人物素材图层放置到"人物"图层组中，创建遮挡人物的物体选区，并为其设置遮罩，如图 12-61 所示。

图12-61　设置人物的遮罩

4. 添加马路阴影

接下来为效果图添加马路阴影。

步骤)01 打开"素材文件 \ 第 12 章 \ 阴影 .psd"文件，如图 12-62 所示。

图12-62　打开的阴影素材

步骤)02 将素材文件拖曳到效果图中，调整阴影的位置和大小，并设置图层的混合模式为"正片叠底"，命名图层为"阴影"，如图 12-63 所示。

图12-63　设置阴影的混合模式

5. 制作玻璃效果

接下来为主体建筑制作玻璃效果。

步骤01 在"图层"面板中选择"分层通道"，使用 ✂.（魔棒工具）选择如图 12-64 所示的建筑玻璃区域。

图12-64　创建玻璃选区

步骤02 创建选区后，选择"建筑"图层，按 Ctrl+J 快捷键，将选区中的图像复制到新的图层中，命名图层为"玻璃"。按 Ctrl+B 快捷键，在弹出的对话框中设置合适的色彩平衡参数，还原原本色调，如图 12-65 所示。

图12-65　设置玻璃的色彩平衡

步骤 03 在菜单栏中选择"图像"|"调整"|"亮度/对比度"命令，在弹出的对话框中设置合适的亮度/对比度参数，如图 12-66 所示。

步骤 04 打开"素材文件\第 12 章\室内.psd"文件，如图 12-67 所示。

图12-66　设置玻璃的亮度/对比度　　　　　　　　图12-67　打开的室内素材

步骤 05 将室内素材拖曳到效果图中，调整素材的位置和大小，如图 12-68 所示。将所有作为门市内景的素材放置到"门市"图层组中，以方便管理。

图12-68　添加素材到效果图中

步骤 06 在"图层"面板中选择"分层通道"，使用 （魔棒工具）选择如图 12-69 所示的门市玻璃区域。创建选区后，为门市设置遮罩。

图12-69　创建门市玻璃选区

12.4 调整整体效果

下面将对居民楼整体进行修饰。

步骤 01 按 Ctrl+Shift+Alt+E 快捷键，盖印图层到新的图层中。将盖印的图层放置到图层的最顶部，按 Ctrl+Shift+Alt+2 快捷键，提取效果图的高光，如图 12-70 所示。

图12-70　提取高光

步骤 02 按 Ctrl+J 快捷键，复制选区到新的图层中，设置图层的混合模式为"颜色减淡"，设置"不透明度"为 50%，如图 12-71 所示。

图12-71　设置图层的属性

步骤 03 选择"阴影通道"图层，在菜单栏中选择"选择"|"色彩范围"命令，在弹出的对话框中选择建筑的红色区域，设置"颜色容差"为 200，如图 12-72 所示。

步骤 04 创建选区，选择盖印的图层，按 Ctrl+J 快捷键，将选区中的图像复制到新的图层中，设置图层的混合模式为"线性加深"，设置"不透明度"为 30%，如图 12-73 所示。

图12-72 选择颜色范围

图12-73 设置图层的属性

步骤)05 在"图层"面板中选择"分层通道",使用 ✎（魔棒工具）选择如图 12-74 所示的门市玻璃区域。

步骤)06 在工具箱中设置前景色的 RGB 值为（243、224、121），如图 12-75 所示。

图12-74 创建门市玻璃选区

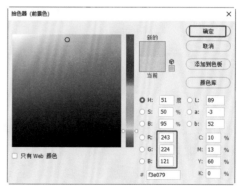

图12-75 设置前景色

步骤)07 在"图层"面板中新建图层,调整图层的位置,并按 Alt+Delete 快捷键填充前景色,如图 12-76 所示。填充选区,按 Ctrl+D 快捷键,取消选区的选择。

图12-76　填充选区

步骤)08 设置图层的混合模式为"叠加"，在菜单栏中选择"滤镜"|"模糊"|"高斯模糊"命令，在弹出的对话框中设置"半径"为 100 像素，如图 12-77 所示。

图12-77　设置模糊的参数

将完成的效果存储为"小区的后期处理 .psd"。

12.5　小结

　　本章介绍了小区居民楼效果图的后期处理。在处理过程中，主体的层次关系是重点考虑的内容，要从全局出发，把握整体的效果。同时，细节上的问题，比如阴影、配景的大小比例关系等，都要考虑在内。清晰的作图思路和对最终效果的预期是很重要的，其思维方式为：从全局出发，把握整体的效果。

第

⑬

章

夜景效果图的后期处理

本章将进行商住综合体的夜景后期处理，主要讲解夜景的商业氛围烘托以及夜景住宅的细节处理。在后期处理过程中，需要掌握夜景效果图主体、辅助和陪体的关系以及完整融合整个夜景风格的目的。

课堂学习目标

◇ 了解夜景效果图的基础知识
◇ 了解夜景效果图后期制作的注意事项
◇ 了解夜景效果图后期的制作流程
◇ 掌握夜景效果图的后期处理技巧

（3）分别调整各材质的明暗和色彩，使其融入整个画面风格。

（4）添加配景素材，丰富画面。

（5）添加各种光效。

（6）增加画面质感。

13.2 调整局部图像效果

本章介绍如何对商住综合体的夜景效果图进行后期处理。图 13-1 所示为渲染效果；图 13-2 所示为后期处理的效果。

图13-1　渲染效果　　　图13-2　后期处理的效果

步骤01 选择菜单栏中的"文件"|"打开"命令，在弹出的"打开"对话框中选择"素材文件\第13章\xg.tga、td.tga 和 td2.tga"文件，如图 13-3 所示。

图13-3　选择文件

步骤02 选择"td2.tga"文档窗口，按 V 键激活 ⊕（移动工具），按住 Shift 键拖曳图像到"xg.tga"文件中。使用同样方法，将"td.tga"文件中的图像拖曳到"xg.tga"文件中。选中"背景"图层，按 Ctrl+J 快捷键复制图像到新的图层中。选择复制出的"背景拷

13.1 室外夜景效果图后期处理的构思

在制作室外夜景效果图之前，要了解夜景的时间段——夜景是指黄昏之后和清晨之前的景色。一般的夜景表现都要比实际环境稍亮，不会是一片漆黑，否则看不清建筑的结构和建筑配景；也不会是整体效果都明亮，否则变成了日景。

夜景效果图一般拥有强烈的明暗对比，天空颜色较冷，而室内或商业场景则使用暖色调较多。光源一般为环境光，且光源种类较为复杂，建筑立面的明暗变化较为柔和。

夜景效果图的应用场景与日景效果图基本相同，如规划类、公建类、商业类、住宅类、商住综合类等。但是，其色调、明暗、气氛的表现却千变万化。与日景效果图相比，夜景效果图会使用较多的光源，比较容易凸显主体和烘托氛围。

夜景效果图的制作和日景效果图相比，要注意的事项如下。

（1）环境光和其他光源要相互搭配，画面不宜过白，否则没有层次感。

（2）与甲方沟通，了解设计师想要的夜景色调和表达区域。

（3）画面的整体亮点不宜过多，主要表现一两个即可，以免分散视觉中心。

（4）天空亮则建筑稍暗，反之亦然，否则建筑与天空模糊在一起，不易区分。建筑外立面不要过黑，否则不易于材质的体现。

（5）理解效果图的应用性质，根据性质的不同做足细节。如商业场景需要充足的商业气息、人流、车流、街灯等，来体现都市的繁华；住宅场景需要体现舒适的园林景观和休闲的人。

夜景效果图的色调比日景效果图要丰富，所以制作的流程没有固定限制。夜景效果图一般的制作流程如下。

（1）制作天空或背景。

（2）夜晚能见度低，雾效要制作多层，体现出远近层次。

贝"图层，按 Ctrl+Shift+] 快捷键将图层置顶，如图 13-4 所示。

图13-4 拖曳图像并复制图层

步骤 03 选中"图层 2"图层，按 W 键激活 ✐（魔棒工具），在工具选项栏中设置"容差"为 10，选择地面的双黄线以及白线，如图 13-5 所示。

图13-5 选择黄、白线选区

步骤 04 选中"背景拷贝"图层，按 Ctrl+J 快捷键，将选区中的图像复制到新的图层中，然后双击图层名称，将其命名为"双黄线"。按 L 键激活 ☒（多边形套索工具），选中不需要的白线区域，按 Delete 键将白线区域删除，如图 13-6 所示。

图13-6 复制双黄线图像

步骤 05 按 Ctrl+B 快捷键，在弹出的"色彩平衡"对话框中选择"色调平衡"为"中间调"，设置"色彩平衡"的色阶值，加强红、黄色。按 Ctrl+U 快捷键，在弹出的"色相 / 饱和度"对话框中降低"饱和度"和"明度"，如图 13-7 所示。

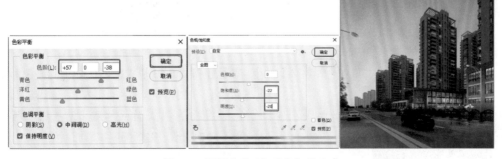

图13-7 设置色彩平衡及色相/饱和度

步骤 06 选择"素材文件 \ 第 13 章 \ 做旧 .jpg"文件，如图 13-8 所示。

步骤 07 将素材图像拖曳到效果图中，按 Ctrl+T 快捷键，打开自由变换控制框，调整图像的大小和透视效果，如图 13-9 所示。按 Enter 键确定调整。

图13-8　选择素材图像

图13-9　调整素材图像的大小和透视效果

步骤)08 双击"图层 3"图层名称，将其命名为"路线做旧"。按住 Ctrl 键单击"双黄线"图层缩览图，将其载入选区，单击"图层"面板底部的 ▣（添加蒙版）按钮，添加图层蒙版，如图 13-10 所示。

图13-10　添加图层蒙版

步骤)09 单击 ⫸（只是图层蒙版链接到图层）按钮，将图层和蒙版解除链接状态。选择图层缩览图，设

置"不透明度"为 15%，如图 13-11 所示。

图13-11　设置图层属性

步骤)10 选中"图层 2"图层，按 W 键激活 ✎（魔棒工具），选择底商外墙区域；选中"背景拷贝"图层，按 Ctrl+J 快捷键复制图像到新的图层中，并将图层命名为"下墙"；按 Ctrl+M 快捷键，使用"曲线"命令提亮选区，如图 13-12 所示。

图13-12　调整曲线

步骤)11 按 Ctrl+B 快捷键，在弹出的"色彩平衡"对话框中选择"色调平衡"为"高光"，设置"色彩平衡"的色阶值，为亮部增加红、黄色，如图 13-13 所示。提高亮度和增加暖色可突出氛围。

步骤)12 按 M 键激活 ▢（矩形选框工具），框选如图 13-14 所示的区域。按 Ctrl+M 快捷键，使用"曲线"命令压暗选区，区分出建筑的明暗面。

图13-13　添加红、黄色

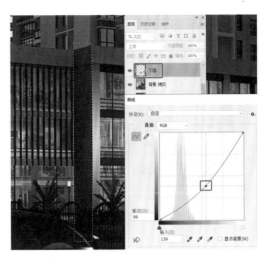

图13-14　设置明暗面

步骤13 按 Ctrl+D 快捷键，取消选区的选择。框选如图 13-15 所示的区域，按 Ctrl+M 快捷键，使用"曲线"命令稍微压暗选区。

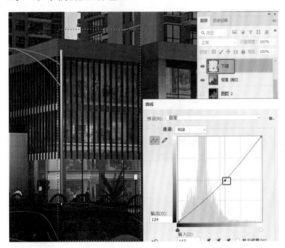

图13-15　设置明暗面

步骤14 在"图层 2"图层中选择楼体外墙选区；选中"背景拷贝"图层，按 Ctrl+J 快捷键复制图像到新的图层中，并将其命名为"上墙"；按住 Ctrl 键单击图层缩览图，将其载入选区，如图 13-16 所示。

步骤15 在工具箱中双击（以快速蒙版模式编辑）按钮，在弹出的"快速蒙版选项"对话框中选中"所选区域"单选按钮，单击"确定"按钮，如图 13-17 所示。

步骤16 按 W 键激活（魔棒工具），选择快速蒙版的红色区域，按 G 键激活（渐变工具），在

工具选项栏中单击（点按可编辑渐变）按钮，确定"预设"为第一个色块（前景色到背景色渐变），从左上至右下拖拉绘制渐变，如图 13-18 所示。

图13-16　选择上墙选区

图13-17　进入快速蒙版

图13-18　为快速蒙版绘制渐变

提示 在绘制渐变时应注意快速蒙版区在选区中所占比例，如果感觉渐变效果不理想，可以多次拖拉渐变，直到得到满意效果为止。

步骤 17 按 Q 键退出快速蒙版。按 Ctrl+B 快捷键，在弹出的"色彩平衡"对话框中选择"色调平衡"为"中间调"，为选区添加适量的青蓝色，如图 13-19 所示。

图13-19　退出快速蒙版并调整色调

步骤 18 按 Ctrl+M 快捷键，在弹出的"曲线"对话框中调整曲线，将选区压暗，以增强与天空的对比，如图 13-20 所示。

步骤 19 按 Ctrl+D 快捷键，取消选区的选择。再使用之前的快速蒙版方法从下至上绘制渐变，效果如图 13-21 所示。

步骤 20 按 Q 键退出快速蒙版。按 Ctrl+M 快捷键，在弹出的"曲线"对话框中调整曲线，稍微提亮选区；按 Ctrl+B 快捷键，在弹出的"色彩平衡"

对话框中选择"色调平衡"为"中间调"，调整颜色，增加红、黄色，使选区能与底商自然衔接，如图 13-22 所示。

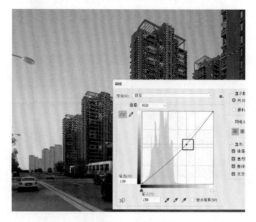

图13-20　压暗选区

图13-21　创建渐变蒙版

图13-22　提亮选区并调整色调

步骤 21 选择菜单栏中的"文件"|"打开"命令，打开"素材文件\第13章\IMG_1280.jpg"文件，按 M 键激活 ▣（矩形选框工具），框选如图 13-23 所示的背景区域。

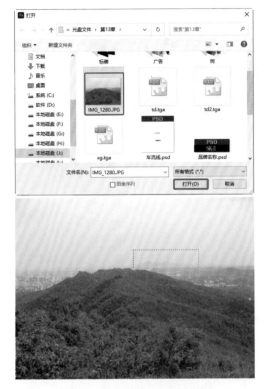

图13-23　打开素材并创建选区

步骤 22 按 V 键激活 ⊕（移动工具），将选区中的图像拖曳到效果图中，将其命名为"背景"。按 Ctrl+T 快捷键，打开自由变换控制框，调整合适的大小和位置，按 Enter 键或双击图像确定调整。选中"图层 2"图层，按 W 键激活 ✎（魔棒工具），选择背景选区；选择导入的"背景"图层，单击 ▣（添加蒙版）按钮添加图层蒙版，并解除图层和蒙版的链接状态；选择图层缩览图，按住 Ctrl 键单击图层缩览图，选择图像选区；按 V 键激活 ⊕（移动工具），按住 Alt 键在图层内移动复制图像；按 Ctrl+T 快捷键，打开自由变换控制框，调整合适的大小和位置；按 Ctrl+D 快捷键，取消选区的选择；按 Ctrl+L 快捷键，使用"色阶"命令压暗图像；按 Ctrl+B 快捷键，使用"色彩平衡"命令调整图像的色调，使其与近处天空相近；按 E 键激活 ✐（橡皮擦工具），设置合适的"不透明度"，

将图像与天空的硬衔接擦除，使图像与天空相融合，如图 13-24 所示。

图13-24　融合天空

步骤 23 按 G 键激活 ▣（渐变工具），在工具选项栏中单击 ▭（点按可编辑渐变）按钮，选择"预设"为第二个色块（前景色到透明渐变），如图 13-25 所示。

图13-25　设置渐变

步骤 24 单击"图层"面板底部的 ▣（创建新图层）按钮，创建一个新的空白图层，并将其命名为"远树雾效"。通过"图层 2"图层选择最远景的树，选中"远树雾效"图层，单击 ▣（添加蒙版）按钮添加图层蒙版，并解除图层和蒙版的链接状态。选择图层缩览图，在工具箱中单击前景色，将光标放到远景树上方较近的天空处，单击吸取颜色，从上至下绘制渐变，如图 13-26 所示。

 技巧 在解除图层和蒙版的链接状态后，按V键激活 ⊕（移动工具），可以通过上下移动雾效图像达到调整雾效强弱的效果。

图13-26　绘制渐变

步骤 25 单击"图层"面板底部的■（创建新图层）按钮，创建一个新的空白图层，并将其命名为"最后配楼雾效"。通过"图层2"图层选择最远景的配楼，选中"最后配楼雾效"图层，单击■（添加蒙版）按钮添加图层蒙版，并解除图层和蒙版的链接状态。选择图层缩览图，在工具箱中单击前景色，将光标放到配楼上方较近的天空处，单击吸取颜色，从上至下绘制渐变。按 Ctrl+M 快捷键，使用"曲线"命令稍微压暗图像，为图层设置合适的"不透明度"，如图 13-27 所示。

图13-27　压暗图像

步骤 26 单击"图层"面板底部的■（创建新图层）按钮，创建一个新的空白图层。通过"图层1"图层选择最远的三栋主楼，选中"图层3"图层，单击■（添加蒙版）按钮添加图层蒙版，并解除图层和蒙版的链接状态。选择图层缩览图，在工具箱中单击前景色，将光标放到选区上方较近的天空处，单击吸取颜色，从上至下绘制渐变。按 Ctrl+M 快捷键，使用"曲线"命令稍微压暗图像，设置图层混合模式为"滤色"，设置合适的"不透明度"，如图 13-28 所示。

图13-28　为最后三栋主楼添加雾效

13.3　添加装饰素材

下面将为夜景图像添加装饰素材。在处理过程中，需要不断调整参数，直到得到满意的效果。

步骤 01 选择"素材文件\第 13 章\广告"文件夹，其中提供了 15 张广告贴图，可用于制作底商外墙广告。将图像打开，再将图像拖曳到效果图中。按 Ctrl+T 快捷键，打开自由变换控制框，调整图像的大小、位置和透视；按 Ctrl+U 快捷键，在弹出的"色相/饱和度"对话框中降低"饱和度"和"明度"，为图层设置合适的"不透明度"。如果前方有遮挡物体，可通过"图层2"图层选择选区，再回到广告图层，按 Delete 键将选区中的图像删除。按 Ctrl+D 快捷键，取消选区的选择，如图 13-29 所示。

图13-29　添加广告素材

步骤 02 调整好的底商广告效果如图 13-30 所示。

图13-30 添加广告素材后的效果

步骤 03 使用同样方法,将"素材文件\第13章\标牌"文件夹中的标牌拖曳到效果图中,完成的店面标牌效果如图13-31所示。

图13-31 添加标牌素材后的效果

步骤 04 选中"图层2"图层,按W键激活 🪄(魔棒工具),选择白色檐口和阳台板;选中"背景拷贝"图层,按Ctrl+J快捷键复制图像到新的图层中,并将其命名为"檐口、阳台"。按住Ctrl键单击图层缩览图,将图像载入选区;按Q键进入快速蒙版,按W键激活 🪄(魔棒工具),选择红色选区。按G键激活 ▥(渐变工具),确定"预设"类型为"前景色到背景色渐变",从下至上绘制渐变,按Q键退出快速蒙版。按Ctrl+M快捷键,使用"曲线"命令稍微提亮选区;按Ctrl+B快捷键,在弹出的"色彩平衡"对话框中选择"中间调",调整颜色,添加红、黄色,使其与上墙颜色相符,如图13-32所示。

步骤 05 按Ctrl+D快捷键,取消选区的选择。使用之前的快速蒙版方法从上至下绘制渐变。按Ctrl+M快捷键,使用"曲线"命令稍微压暗选区;按

Ctrl+B快捷键,在弹出的"色彩平衡"对话框中选择"中间调",调整颜色,添加青色和蓝色,如图13-33所示。

图13-32 调整檐口和阳台板下部分

图13-33 调整檐口和阳台板上部分

步骤 06 使用"图层2"图层结合 🪄(魔棒工具)选择玻璃选区。选中"背景拷贝"图层,按Ctrl+J快捷键复制图像到新的图层中,并将其命名为"玻璃"。按Ctrl+L快捷键,在弹出的"色阶"对话框中设置色阶参数,将明暗和色彩对比加强,如图13-34所示。

图13-34 增强玻璃明暗和色彩对比

步骤 07 按住 Ctrl 键单击玻璃图层的缩览图，将其载入选区。使用快速蒙版从上至下绘制渐变。按 Ctrl+M 快捷键，使用"曲线"命令压暗选区中的玻璃，如图 13-35 所示。

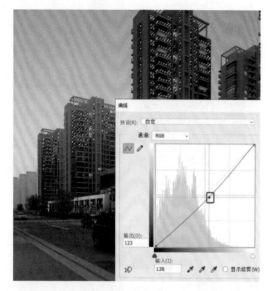

图13-35 压暗玻璃上部分

步骤 08 选择"素材文件\第 13 章\住户窗 .psd"文件，如图 13-36 所示。

图13-36 选择素材文件

步骤 09 分别将"住户窗 .psd"文件中的各图层拖曳到效果图中。按 Ctrl+T 快捷键，打开自由变换控制框，调整图像的大小、位置和透视效果；按 Ctrl+M 快捷键，使用"曲线"命令提亮图像，设置图层合适的"不透明度"。按住 Ctrl 键单击玻璃图层缩览图，载入玻璃选区。选择住户窗图像所在的图层，单击 ◻（添加蒙版）按钮添加图层蒙版，并解除图层和蒙版的锁定状态。选择图层缩览图，

按住 Alt 键移动复制图像，并调整图像的大体透视，完成的效果如图 13-37 所示。

图13-37 调整窗口图像

步骤 10 使用"图层 2"图层选择太阳伞选区。选中"背景拷贝"图层，按 Ctrl+J 快捷键复制图像到新的图层中，并将其命名为"太阳伞"。按 Ctrl+L 快捷键，使用"色阶"命令增强对比，如图 13-38 所示。

图13-38 增强太阳伞对比

步骤 11 使用"图层 2"图层结合 ▨（魔棒工具）选择天井的玻璃罩选区。选中"背景拷贝"图层，按 Ctrl+J 快捷键复制图像到新的图层中，并将其命名为"三角玻璃罩"。按 Ctrl+M 快捷键，使用"曲线"命令稍微提亮图像；按 Ctrl+L 快捷键，使用"色阶"命令提高亮度，如图 13-39 所示。

步骤 12 按 Ctrl+J 快捷键复制图像到新的图层中，设置图层混合模式为"滤色"，设置合适的"不透明度"。选择菜单栏中的"滤镜"|"模糊"|"高斯模糊"命令，

为模糊设置合适的"半径"，使其有光晕效果，如图 13-40 所示。

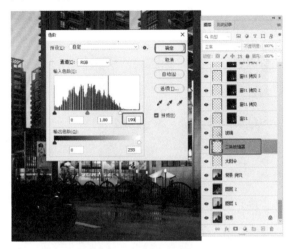

图13-39　提亮三角玻璃罩

图13-41　提亮路灯罩并添加红色和黄色

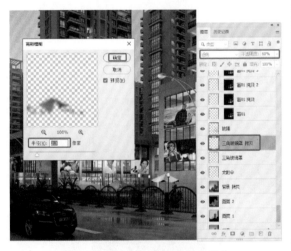

图13-40　复制图像并设置高斯模糊

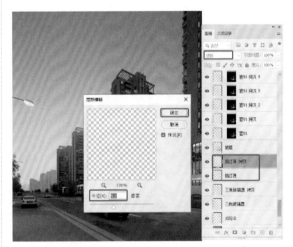

图13-42　复制图像并设置高斯模糊

步骤13 使用"图层 2"图层结合 （魔棒工具）选择路灯灯罩选区。选中"背景拷贝"图层，按 Ctrl+J 快捷键复制图像到新的图层中，并将其命名为"路灯罩"。按 Ctrl+M 快捷键，使用"曲线"命令稍微提亮图像；按 Ctrl+L 快捷键，使用"色阶"命令增强对比；按 Ctrl+B 快捷键，在弹出的"色彩平衡"对话框中选择"中间调"，调整颜色，添加红色和黄色，如图 13-41 所示。

步骤14 按 Ctrl+J 快捷键复制图像到新的图层中，设置图层混合模式为"滤色"。选择菜单栏中的"滤镜"|"模糊"|"高斯模糊"命令，为模糊设置合适的"半径"，使其有光晕效果，如图 13-42 所示。

步骤15 使用"图层 2"图层结合 （魔棒工具）选择地面红绿灯选区。选中"背景拷贝"图层，按 Ctrl+J 快捷键复制图像到新的图层中，并将其命名为"红绿灯"。按 L 键激活 （多边形套索工具），抠选绿色灯。按 Ctrl+M 快捷键，使用"曲线"命令压暗图像至灯不亮；按 Ctrl+U 快捷键，在弹出的"色相 / 饱和度"对话框中降低饱和度。按 L 键激活 （多边形套索工具），抠选红色灯。按 Ctrl+M 快捷键，使用"曲线"命令提亮图像至灯亮；按 Ctrl+U 快捷键，在弹出的"色相 / 饱和度"对话框中提高饱和度，效果如图 13-43 所示。

步骤16 使用"图层 2"图层结合 （魔棒工具）选择汽车，按住 Shift 键继续加选全部汽车。选中"背景拷贝"图层，按 Ctrl+J 快捷键复制图像到新的图层中，并将其命名为"汽车"。按 Ctrl+M 快捷键，使用"曲线"命令提亮汽车，如图 13-44 所示。

图13-43　更改错误的红绿灯信息

图13-44　提亮汽车

步骤 17 按 L 键激活 ▼（多边形套索工具），抠选车前灯，在加选时按住 Shift 键。按 Ctrl+J 快捷键复制图像到新的图层中，并将其命名为"车前灯"。按 Ctrl+M 快捷键，使用"曲线"命令提亮选区，如图 13-45 所示。

图13-45　提亮车前灯

步骤 18 选中"汽车"图层，抠选车尾灯选区。按 Ctrl+J 快捷键复制图像到新的图层中，并将其命名为"车后灯"。按 Ctrl+M 快捷键，使用"曲线"命令提亮选区，如图 13-46 所示。

图13-46　提亮车后灯

步骤 19 选中"汽车"图层，选择菜单栏中的"滤镜"|"模糊"|"动感模糊"命令，在弹出的"动感模糊"对话框中按汽车运动规律设置合适的角度及距离，如图 13-47 所示。

图13-47　为汽车设置动感模糊

步骤 20 使用"图层 2"图层结合 ▼（魔棒工具）选择公路选区。选中"背景拷贝"图层，按 Ctrl+J 快捷键复制图像到新的图层中，并将其命名为"公路"；再按 Ctrl+J 快捷键，复制一个"公路拷贝"图层作为前景压暗层。然后单击该图层前面的 ◉（指示图层可见性）按钮，使其不可见。选中"公路"图层，如图 13-48 所示。

步骤 21 按 Ctrl+U 快捷键，在弹出的"色相/饱和度"对话框中降低饱和度，如图 13-49 所示。

图13-48　复制公路图像

图13-49　降低公路饱和度

步骤22 按 Ctrl+B 快捷键，在弹出的"色彩平衡"对话框中选择"中间调"，调整颜色，添加合适的红色和黄色，如图 13-50 所示。

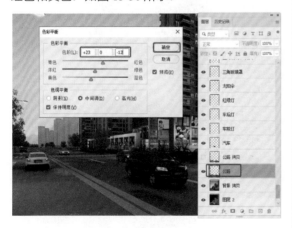

图13-50　调整公路色调

步骤23 显示并选中"公路拷贝"图层，按住 Ctrl 键单击图层缩览图，使用快速蒙版从下至上绘制渐变，

如图 13-51 所示。

图13-51　使用快速蒙版拖拉渐变

步骤24 按 Ctrl+Shift+I 快捷键反选选区，按 Delete 键将选区中的图像删除，如图 13-52 所示。

图13-52　反选图像并删除

步骤25 按 Ctrl+D 快捷键取消选区的选择，设置图层混合模式为"正片叠底"，设置合适的"不透明度"，如图 13-53 所示。

图13-53　设置前景压暗效果

步骤26 单击工具箱中的前景色图标，在弹出的"拾色器（前景色）"对话框中设置合适的前景色颜色，如图 13-54 所示。

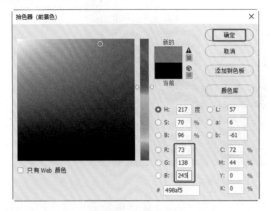

图13-54　设置前景色

步骤27 单击"图层"面板底部的 □（创建新图层）按钮，创建一个新的空白图层，并将其命名为"近车灯效"。按 M 键激活 □（矩形选框工具），框选确定选区；按 G 键激活 ■（渐变工具），在工具选项栏中单击 ▬（点按可编辑渐变）按钮，选择"预设"为第二个色块（前景色到透明渐变），从左至右绘制渐变，如图 13-55 所示。

图13-55　制作车灯效果

步骤28 按 Ctrl+T 快捷键，打开自由变换控制框，调整合适的透视，如图 13-56 所示。

步骤29 按 Enter 键确定调整，设置图层混合模式为"滤色"。按 E 键激活 ◢（橡皮擦工具），选择笔刷为柔边，设置合适的"不透明度"，按［、］键调整笔刷大小，将硬边擦除，如图 13-57 所示。

步骤30 按 Ctrl+M 快捷键，使用"曲线"命令提亮

车灯柱。按 V 键激活 ⊕（移动工具），按住 Alt 键移动复制图像并进行调整，如图 13-58 所示。

图13-56　调整车灯柱形状

图13-57　细化车灯柱

图13-58　复制车灯柱

步骤31 选择"素材文件 \ 第 13 章 \ 闪耀阳光 .psd"文件，将图像拖曳到效果图中，设置图层混合模式为"滤色"。按 Ctrl+T 快捷键，打开自由变换控制框，

调整合适的大小和位置。按住 Alt 键移动复制图像，并调整图像的大小和位置，如图 13-59 所示。

图13-59　打开并导入路灯灯效

步骤 32　选择"素材文件 \ 第 13 章 \ 车流线 .psd"文件，如图 13-60 所示。

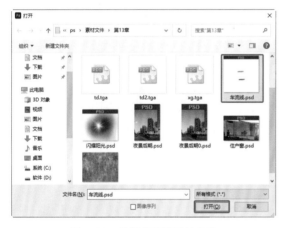

图13-60　选择车流线素材文件

步骤 33　将红色车流线素材拖曳到效果图中，设置图层混合模式为"滤色"。按 Ctrl+T 快捷键，打开自由变换控制框，调整图像的大小和透视。按 E 键激活 🖉（橡皮擦工具），擦除不需要的部分，如图 13-61 所示。

步骤 34　使用"图层 2"图层选择绿化带选区。选中"背景拷贝"图层，按 Ctrl+J 快捷键复制图像到新的图层中，并将其命名为"绿化带"。按 Ctrl+L 快捷键，使用"色阶"命令增强图像对比；按 Ctrl+U 快捷键，使用"色相 / 饱和度"命令降低图像饱和度，如图 13-62 所示。

图13-61　导入并调整车流线

图13-62　降低绿化带饱和度

步骤 35　使用"图层 2"图层选择绿篱选区。选中"背景拷贝"图层，按 Ctrl+J 快捷键复制图像到新的图层中，并将其命名为"绿篱"。按 Ctrl+L 快捷键，使用"色阶"命令增强图像对比；按 Ctrl+B 快捷键，在弹出的"色彩平衡"对话框中选择"中间调"，调整颜色，加点红、黄色，如图 13-63 所示。

步骤 36　使用"图层 2"图层选择盆栽。选中"背景拷贝"图层，按 Ctrl+J 快捷键复制图像到新的图层中，并将其命名为"盆栽"。按 Ctrl+M 快捷键，使用"曲线"命令稍微提亮图像；按 Ctrl+B 快捷键，在弹出的"色彩平衡"对话框中选择"中间调"，调整颜色，加点红、黄色，如图 13-64 所示。

步骤 37　使用"图层 2"图层选择树选区。选中"背景拷贝"图层，按 Ctrl+J 快捷键复制图像到新的图层中，并将其命名为"树"。按 L 键激活 🔗（多边形套索工具），随机抠选几棵树。按 Ctrl+M 快捷键，使用"曲线"命令将其压暗；按 Ctrl+B 快捷键，在弹出的"色彩平衡"对话框中选择"中间调"，调整颜色，使其与其他树有所不同，如图 13-65 所示。

图13-63　调整绿篱色调

图13-64　调整盆栽色调

图13-65　调整树色调

步骤38 按 Ctrl+Shift+I 快捷键反选选区；按 Ctrl+L 快捷键，使用"色阶"命令增强图像对比；按 Ctrl+M 快捷键，使用"曲线"命令将其压暗，如图 13-66 所示。

图13-66　压暗剩余的树

步骤39 选择"素材文件\第 13 章\树"文件夹，打开其中的树素材，如图 13-67 所示。

图13-67　打开树素材文件

步骤40 将树拖曳到效果图中，按 Ctrl+T 快捷键，调整其大小和位置，将树压暗并调整色调，如图 13-68 所示。

步骤41 按住 Alt 键移动复制树，将其作为其他树的补充。按 Ctrl+T 快捷键，调整其大小和位置，将树压暗并调整色调，如图 13-69 所示。

步骤42 将其他的树素材拖曳到效果图中，调整合适的大小和位置。取消图层的可见性，按 M 键激活 □（矩形选框工具），沿墙线框选，再将图层可见，如图 13-70 所示。

图13-68 调整导入的树

图13-69 复制并调整树

图13-70 调整商业区补充树

步骤 43 按 Delete 键删除图像，再将其他多余的图像删除。按 Ctrl+L 快捷键，使用"色阶"命令增强对比；按 Ctrl+B 快捷键，使用"色彩平衡"命令调整色调；按 Ctrl+U 快捷键，使用"色相/饱

和度"命令降低饱和度，效果如图 13-71 所示。

图13-71 调整树的色调

步骤 44 将樱花树素材拖曳到效果图中。按 Ctrl+T 快捷键，使用"自由变换"命令调整图像的大小和位置；按 Ctrl+L 快捷键，使用"色阶"命令增强对比；按 Ctrl+B 快捷键，使用"色彩平衡"命令调整色调；按 Ctrl+U 快捷键，使用"色相/饱和度"命令降低饱和度和明度。通过"图层 2"图层选择前方遮挡植物的选区，然后选中樱花图层，按 Delete 键删除图像，如图 13-72 所示。

图13-72 添加并调整樱花树素材

13.4 调整最终效果

添加完素材后，接下来将制作效果图的喷光效果，并盖印和设置图层的"高反差保留"，最后通过设置图层混合模式来完成效果。

步骤 01 单击"图层"面板底部的 □（创建新图层）按钮，创建一个新的空白图层，并将其命名为"喷光"。双击图层名称后的空白处，在弹出的"图层样式"对话框中取消选中"透明形状图层"复选框，如图 13-73 所示。

步骤)02 单击工具箱中的前景色图标，在弹出的"拾色器（前景色）"对话框中设置前景色的颜色，如图 13-74 所示。

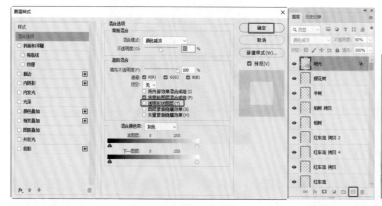

图13-73　图层样式设置　　　　　　　　　　　　　　图13-74　设置前景色

步骤)03 创建如图 13-75 所示的选区。按 G 键激活 （渐变工具），确定"预设"类型为"前景色到透明渐变"，从右至左绘制渐变，使喷光有由强到弱的变化。

图13-75　创建选区并填充颜色

步骤)04 设置图层混合模式为"颜色减淡"，设置合适的"不透明度"。按 E 键激活 （橡皮擦工具），在工具选项栏中设置合适的"不透明度"，将图像的上边擦虚，让其更自然；将汽车和地面较暗处擦除，如图 13-76 所示。

步骤)05 按 Ctrl+J 快捷键复制图像到新的图层中，将地面的区域擦除，这样可以增加地面喷光区域的饱和度，同时也稍微提亮该区域；为图层设置合适的"不透明度"，如图 13-77 所示。

图13-76　设置图层属性并擦除多余区域

图13-77　加强地面灯光照亮区域

步骤)06 按 Ctrl+Alt+Shift+E 快捷键，盖印可见图像到新的图层中。选择菜单栏中的"滤镜"|"其他"|"高

反差保留"命令，弹出"高反差保留"对话框，设置"半径"为 1.0 像素，如图 13-78 所示。

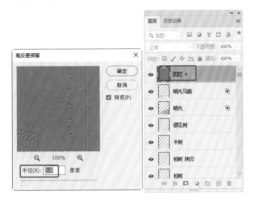

图13-78 盖印图像并设置高反差保留

步骤 07 在"图层"面板中，设置"图层 4"图层的混合模式为"叠加"，如图 13-79 所示。

图13-79 设置图层属性

步骤 08 按 Ctrl+Alt+Shift+E 快捷键，盖印图像。按

Ctrl+M 快捷键，使用"曲线"命令稍微压暗图像，然后设置图层混合模式为"正片叠底"。按 E 键激活 （橡皮擦工具），选择柔边笔刷，设置"不透明度"为 100％，放大笔刷，擦除中间图像和右上角建筑中的图像，制作四角压暗效果，为图层设置合适的"不透明度"，如图 13-80 所示。

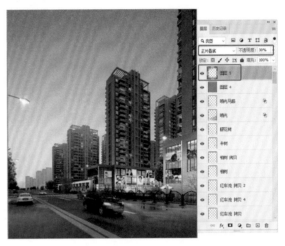

图13-80 制作四角压暗效果

13.5 小结

本章详细地介绍了室外夜景效果图后期处理的方法和技巧。夜景和日景效果图的处理过程基本是一样的，区别就是表现的色调和氛围不同。通过对本章的学习，读者可以了解夜景中素材和建筑的处理方法。

第
14
章

鸟瞰效果图的后期处理

在前面的章节中详细讲解了室内外效果图的后期制作基本流程，本章将讲解鸟瞰效果图的后期处理。

本章制作的鸟瞰效果图为一张大全景，局部调整较少，主要完成整体画面的风格、色彩和光感。通过本章的演练，可以达到掌握透视、鸟瞰的效果。

课堂学习目标

◇了解鸟瞰效果图的作用
◇了解鸟瞰效果图后期的制作流程
◇了解调整局部效果的方法
◇掌握添加光晕和晕影的方法
◇掌握最终效果图的调整技巧

14.1 鸟瞰效果图后期处理的构思

鸟瞰效果图是指以高于建筑顶部的视角俯瞰全景，应用于室外建筑效果图。从高处鸟瞰制图区，会比平面图更有真实感。由于视线与水平线有一俯角，图上各要素一般要根据透视投影规则进行描绘，其特点为近大远小、近明远暗，体现单个或群体建筑的结构、空间、材质、色彩、环境以及建筑之间的各种关系。

鸟瞰效果图可表现规划方案、建筑布局、园林景观等内容，多用于城市规划、商业和房地产等应用。

鸟瞰效果图的作用有以下几点。

（1）作为项目前期的投标或预演。

（2）能让观众直观地理解设计者的构思和想法。

（3）提高交流与沟通的效率。

在前期鸟瞰效果图构图时，应在表现主体的同时，将周边配套表现出一部分，让观众一目了然地看出整体规划。好的效果图应包含丰富的信息，不要让人一眼看透；要明确效果图的画面风格，并保证画面的统一性，能让观众直观、正确地理解表达的时间和重点表达的空间；须注意配景、人物、植物等素材的透视、比例、色调的关系处理。

鸟瞰效果图一般的制作流程如下。

（1）根据风格和个人习惯使用"柔光"或"滤色"调整图像。

（2）制作天空或远方背景。

（3）分别调整各材质的明暗和色彩，使其融入整个画面风格。

（4）为场景添加人物、小品；如果是黄昏或夜景，需要加入灯光、车流线等元素，提高画面的真实氛围和生活细节。

（5）为场景添加云、雾效、光源、四角压暗等特效。

14.2 调整局部效果

本章介绍如何对鸟瞰效果图进行后期处理。图 14-1 所示为渲染效果图；图 14-2 所示为后期处理的效果。

图14-1 渲染效果

图14-2 后期处理效果

步骤 01 选择菜单栏中的"文件"|"打开"命令，在弹出的"打开"对话框中选择"素材文件\第14章\001.tga 和 002.tga"文件，如图 14-3 所示。

图14-3 选择文件

步骤 02 选择"002.tga"文档窗口，按 V 键激活 ⊕（移动工具），按住 Shift 键拖曳图像到"001.tga"文件中。选中"背景"图层，按 Ctrl+J 快捷键复制图像到新的图层中。选择复制出的"背景拷贝"图层，按 Ctrl+] 快捷键将图层位置上移，如图 14-4 所示。

图14-4 拖曳图像并复制图层

步骤 03 按 Ctrl+J 快捷键，再复制出"背景拷贝 2"图层，并设置图层混合模式为"滤色"，设置"不透明度"为 30%，如图 14-5 所示。按 Ctrl+E 快捷键向下合并图层。

图14-5 设置图层属性

提示 在激活 ⊕（移动工具）时，按键盘上的数字键可以改变图层的"不透明度"数值。

步骤 04 选择导入的通道图层，按 W 键激活 ✐（魔棒工具），选择 4 个亮顶区域（可以按住 Shift 键加选选区），如图 14-6 所示。

步骤 05 选中"背景拷贝 2"图层，按 Ctrl+J 快捷键将选区中的图像复制到新的图层中。按 L 键激活 ✐（多边形套索工具），选中 4 个亮顶在内的区域，按 Ctrl+Shift+I 快捷键进行反选，然后按 Delete 键将选区删除，如图 14-7 所示。

图14-6 创建选区

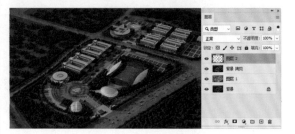

图14-7 复制并处理选区

步骤 06 双击"图层 2"图层，将其命名为"亮顶"。按 Ctrl+D 快捷键取消选区的选择，再选中如图 14-8 所示的区域。按 Ctrl+L 快捷键，使用"色阶"命令增强图像对比；按 Ctrl+M 快捷键，使用"曲线"命令提亮选区。

步骤 07 使用同样方法分别调整另外两个亮顶，如图 14-9 所示。

步骤 08 利用通道图层和 ✐（魔棒工具）选择玻璃，选中"背景拷贝 2"图层，按 Ctrl+J 快捷键复制图像到新的图层中，并将其命名为"玻璃"。按 Ctrl+L 快捷键，使用"色阶"命令增强图像对比；按 Ctrl+M 快捷键，使用"曲线"命令提亮选区，如图 14-10 所示。

步骤 09 利用通道图层和 ✐（魔棒工具）选择所有顶部区域，选中"背景拷贝 2"图层，按 Ctrl+J 快捷键复制图像到新的图层中，并将其命名为"顶面"。按 Ctrl+M 快捷键，使用"曲线"命令提亮选区；按 Ctrl+L 快捷键，使用"色阶"命令增强图像对比，如图 14-11 所示。

步骤 10 利用通道图层和 ✐（魔棒工具）选择所有大理石地面。选中"背景拷贝 2"图层，按 Ctrl+J 快捷键复制图像到新的图层中，并将其命名为"大理石地面"。按 Ctrl+M 快捷键，使用"曲线"命令提亮选区。按 Ctrl+B 快捷键，在弹出的"色彩平衡"对话框中选择"色调平衡"为"高光"，为亮部增加洋红色；再选择"色调平衡"为"阴影"，为暗部阴影加点青色，如图14-12所示。

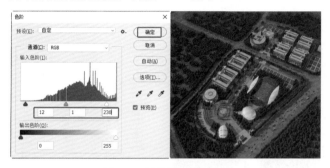

图14-8　调整色阶和曲线

图14-9　调整亮顶

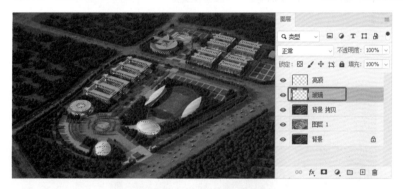

图14-10　调整玻璃色调效果

图14-11　调整顶部区域色调效果

图14-12　设置色彩平衡

步骤 11 利用通道图层和 ![魔棒] （魔棒工具）选择水面。选中"背景拷贝 2"图层，按 Ctrl+J 快捷键复制图像到新的图层中，并将其命名为"水面"。按 Ctrl+L 快捷键，使用"色阶"命令增强图像对比，如图 14-13 所示。

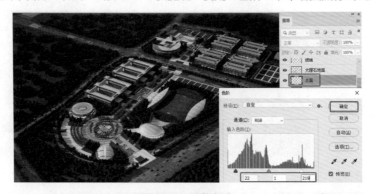

图14-13　调整色阶

步骤 12 按 Ctrl+J 快捷键，复制图像到新的图层中。按住 Ctrl 键单击"水面"图层缩览图，将图像载入选区。按 Shift+F6 快捷键，在弹出的"羽化选区"对话框中设置合适的羽化半径，如图 14-14 所示。

图14-14　设置选区羽化

步骤 13 按 Delete 键，将选区中的图像删除；按 Ctrl+D 快捷键，取消选区的选择，然后设置图层混合模式为"颜色减淡"。按 Ctrl+M 快捷键，使用"曲线"命令提亮选区，如图 14-15 所示。

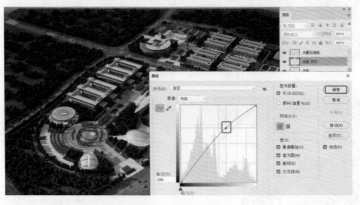

图14-15　调整曲线

步骤 14 利用通道图层和 ![魔棒] （魔棒工具）选择楼体的橘红色墙体。选中"背景拷贝 2"图层，按 Ctrl+J 快捷键复制图像到新的图层中，并将其命名为"红墙"。按 Ctrl+L 快捷键，使用"色阶"命令增强图像对比；按 Ctrl+M 快捷键，使用"曲线"命令提亮选区，如图 14-16 所示。

图14-16 调整红墙色调效果

步骤 15 利用通道图层和 ✎（魔棒工具）选择草地，选中"背景拷贝 2"图层，按 Ctrl+J 快捷键复制图像到新的图层中，并将其命名为"草地"。按 Ctrl+L 快捷键，使用"色阶"命令增强图像对比和提亮图像；按 Ctrl+B 快捷键，使用"色彩平衡"命令的"高光"调整颜色，如图 14-17 所示。

图14-17 设置色彩平衡

步骤 16 利用通道图层和 ✎（魔棒工具）选择小树。选中"背景拷贝 2"图层，按 Ctrl+J 快捷键复制图像到新的图层中，并将其命名为"小树"。按 Ctrl+L 快捷键，使用"色阶"命令增强图像对比；按 Ctrl+M 快捷键，使用"曲线"命令提亮；按 Ctrl+B 快捷键使用"色彩平衡"命令的"高光"调整颜色，如图 14-18 所示。

图14-18 调整小树选区

步骤 17 利用通道图层和 ✎（魔棒工具）选择行道树和景观树。选中"背景拷贝 2"图层，按 Ctrl+J 快捷键复制图像到新的图层中，并将其命名为"行道、景观树"。按 Ctrl+L 快捷键，使用"色阶"命令增强图像对比；按 Ctrl+M 快捷键，使用"曲线"命令提亮图像；按 Ctrl+B 快捷键，使用"色彩平衡"命令的"高光"调整颜色，效果如图 14-19 所示。

图14-19　调整行道树和景观树选区

提示 为了区分行道树和景观树，可以将行道树稍微提亮。方法是使用"多边形套索工具"选择两棵或多棵景观树，修改其颜色，令与其他树有所区别。这种随机在画面中进行点缀，可以使其不单调。

步骤18 利用通道图层和 （魔棒工具）选择马路中间的所有选区，选中"背景拷贝2"图层，按Ctrl+J快捷键复制图像到新的图层中，并将其命名为"中间马路"。按Ctrl+L快捷键，使用"色阶"命令增强图像对比和提亮图像；按Ctrl+B快捷键，使用"色彩平衡"命令的"中间调"调整颜色，效果如图14-20所示。

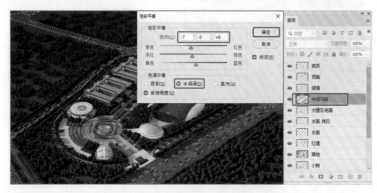

图14-20　设置色彩平衡

步骤19 使用"多边形套索工具"选择如图14-21所示的区域，按Delete键将选区中的图像删除，按Ctrl+D快捷键取消选区的选择。

图14-21　删除选区图像

步骤20 利用通道图层和 （魔棒工具）选择中间马路两边的马路选区。选中"背景拷贝2"图层，按

Ctrl+J 快捷键复制图像到新的图层中，并将其命名为"两边马路"。按 Ctrl+L 快捷键，使用"色阶"命令增强对比和提亮；按 Ctrl+B 快捷键，使用"色彩平衡"命令的"中间调"调整颜色，如图 14-22 所示。

图14-22　设置色彩平衡

14.3　添加装饰素材

接下来为鸟瞰图像添加装饰素材，包括人物、喷泉、车流线等。

步骤01 选择菜单栏中的"文件"|"打开"命令，打开"素材文件\第 14 章\人群 1.psd、人群 2.psd 和人群 - 足球 .psd"文件，如图 14-23 所示。

步骤02 分别将 3 个文件中的人物素材拖曳到效果图中，并调整其至合适的位置，如图 14-24 所示。

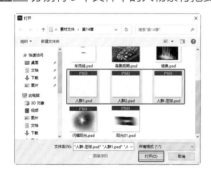

图14-23　选择素材文件

图14-24　添加素材到效果图

提示 在拖入"人群 1.psd"文件中的人物时，人物的大小需使用"自由变换"命令调整，再使用"多边形套索工具"或"矩形选框工具"选择区域人群后微调位置。

步骤03 选择菜单栏中的"文件"|"打开"命令，打开"素材文件\第 14 章\喷泉 .psd"文件，如图 14-25 所示。

步骤04 将喷泉素材拖曳到效果图中，将该图层混合模式设置为"滤色"。按 Ctrl+T 快捷键，使用"自由变换"命令调整图像大小。按 V 键激活"移动工具"，按住 Alt 键移动复制喷泉图像，如图 14-26 所示。在"图层"面板中单击第一个喷泉，再按住 Shift 键单击最后一个喷泉，选择所有喷泉图层后，按 Ctrl+E 快捷键合并图层。

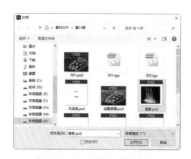

图14-25　选择素材文件

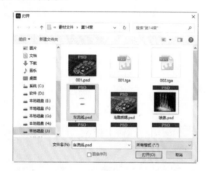

图14-26　添加并复制喷泉

步骤05 选择菜单栏中的"文件"|"打开"命令，打开"素材文件\第14章\车流线.psd"文件，如图 14-27 所示。

步骤06 选中"红车流"图层，将图像拖曳到效果图中，会自动生成新的图层，然后将其命名为"红车流"，设置该图层的混合模式为"滤色"。按 Ctrl+T 快捷键，使用"自由变换"命令调整大小和方向，如图 14-28 所示。

图14-27　选择素材文件

图14-28　调整流线的自由变换

步骤07 选择菜单栏中的"滤镜"|"扭曲"|"切变"命令，如图 14-29 所示。

步骤08 在弹出的"切变"对话框中调整曲线，如图 14-30 所示。

提示 如果切变效果不理想，可多次切变，方法是选择菜单栏中的"滤镜"|"上次滤镜操作"命令，快捷键为 Ctrl+F。

步骤09 使用移动复制法复制出一条车流线。按 Ctrl+U 快捷键，使用"色相/饱和度"对话框中的"色相"调整颜色，如图 14-31 所示。

图14-29　选择"切变"命令

图14-30　调整曲线

图14-31　设置色相/饱和度

步骤)10 选择两条车流线,按Ctrl+E快捷键合并图层,并设置图层混合模式为"滤色"。按 Ctrl+J 快捷键,复制图像到新的图层中。按Ctrl+T快捷键,使用"自由变换"命令调整图像的角度和方向,如图 14-32 所示。

图14-32　调整车流线

步骤)11 将路口车流线进行图层合并,然后将合并图层的混合模式设置为"滤色"。按 E 键激活 （橡皮擦工具）,在工具选项栏中选择一种柔边笔刷,使用〔、〕键控制笔刷大小,使用数字键调整"不透明度"数值,将不需要的区域擦除,效果如图 14-33 所示。

图14-33　擦除不需要的车流线

💡**技巧** 如果感觉车流线不够亮,可以再复制出一个图层,并设置合适的"不透明度";或者按 Ctrl+M 快捷键,使用"曲线"命令提亮图像。

步骤)12 再次导入车流线,按Ctrl+T快捷键,使用"自由变换"命令调整图像的大小和形状,如图 14-34 所示。

图14-34　导入并调整车流线

💡**技巧** 有些道路并不都是笔直的。如果使用"切变"命令不好控制弯曲的位置,此时可在工具选项栏中单击 （在自由变换和变形模式之间切换）按钮,使用变形模式调整。

步骤)13 复制并调整完成后的车流线如图 14-35 所示。选择所有车流线图层并进行合并,然后将合并图层的混合模式设置为"滤色"。

图14-35　复制并调整后的车流线

步骤)14 按 Ctrl+J 快捷键复制图像到新的图层中,设置合适的"不透明度",如图 14-36 所示。

图14-36　复制并设置图层属性

14.4 添加光晕和晕影

接下来为鸟瞰效果图添加一些光晕和晕影。

步骤)01 在工具箱中单击"前景色"图标，在弹出的"拾色器（前景色）"对话框中将其设置为黑色，如图 14-37 所示。

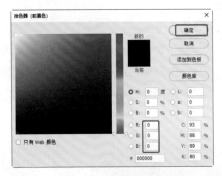

图14-37 设置前景色

步骤)02 按 G 键激活 （渐变工具），在工具选项栏中单击 ▄▄▄▄▄▄▄▄▄▼（点按可编辑渐变）按钮，弹出"渐变编辑器"对话框，选择渐变类型为"前景色到透明渐变"，单击"确定"按钮，如图 14-38 所示。

图14-38 设置渐变

步骤)03 单击"图层"面板底部的 ▫（创建新图层）按钮，创建一个新的空白图层。在图像左上角绘制渐变，设置图层的"不透明度"为 20%，将左上角压暗，如图 14-39 所示。

图14-39 新建并设置图层属性

步骤)04 选择菜单栏中的"文件"|"打开"命令，打开"素材文件\第 14 章\阳光 01.psd"文件，如图 14-40 所示。

步骤)05 将素材图像拖曳到效果图中，设置图层混合模式为"滤色"，并调整图像的大小和位置，如图 14-41 所示。

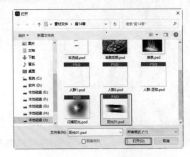

图14-40 选择素材文件

图14-41 调整素材图像

步骤06 单击 "图层" 面板底部的 🔲（创建新图层）按钮，创建一个新的空白图层。设置前景色为橙黄色，按 G 键激活 🔲（渐变工具），由左上至右下填充渐变，如图 14-42 所示。

图14-42 填充渐变

步骤07 选择图层混合模式为 "颜色减淡"，设置合适的 "不透明度"，如图 14-43 所示。

图14-43 设置图层属性

步骤08 在 "拾色器（前景色）" 对话框中设置前景色为棕色，如图 14-44 所示。

步骤09 单击 "图层" 面板底部的 🔲（创建新图层）按钮，创建一个新的空白图层。按 Alt+Delete 快捷键，填充前景色，选择图层混合模式为 "叠加"，设置合适的 "不透明度"，为整个画面涂色，如图 14-45 所示。

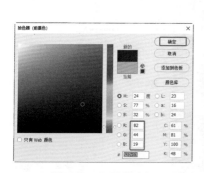

图14-44 设置前景色

图14-45 创建并填充图层

步骤10 在 "拾色器（前景色）" 对话框中设置前景色为洋红色，如图 14-46 所示。

步骤11 单击 "图层" 面板底部的 🔲（创建新图层）按钮，创建一个新的空白图层。绘制渐变，作为黄昏阳光的补光；设置图层混合模式为 "颜色减淡"，设置合适的 "不透明度"，如图 14-47 所示。

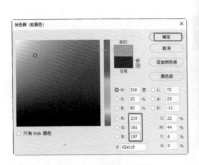

图14-46 设置前景色

图14-47 创建并填充图层

步骤12 在"拾色器（前景色）"对话框中设置前景色为灰棕色，如图 14-48 所示。

步骤13 单击"图层"面板底部的 ▣（创建新图层）按钮，创建一个新的空白图层。绘制渐变，作为黄昏阳光的光线。按 E 键激活 ✦（橡皮擦工具），设置合适的"不透明度"，使用柔边笔刷部分擦除上边和底边，使光线符合阳光方向，如图 14-49 所示。

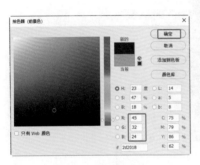

图14-48 设置前景色

图14-49 创建并填充图层

步骤14 设置图层混合模式为"颜色减淡"。按 Ctrl+J 快捷键，复制图像到新的图层中，根据画面需求设置合适的"不透明度"，如图 14-50 所示。

图14-50 设置图层属性

步骤15 在"拾色器（前景色）"对话框中设置前景色为淡黄棕色，如图 14-51 所示。

步骤16 单击"图层"面板底部的 ▣（创建新图层）按钮，创建一个新的空白图层。按 G 键激活 ▣（渐变工具），从左至右绘制渐变。按 E 键激活 （橡皮擦工具），擦除左侧树林和中间区域以外的图像，设置图层混合模式为"颜色减淡"，设置合适的"不透明度"，如图 14-52 所示。

图14-51　设置前景色　　　　　　　　　　　　图14-52　新建并填充颜色

步骤 17 在"拾色器（前景色）"对话框中设置前景色为蓝色，如图 14-53 所示。

步骤 18 单击"图层"面板底部的 （创建新图层）按钮，创建一个新的空白图层。按 G 键激活 （渐变工具），从右至左绘制渐变，设置图层混合模式为"叠加"，设置合适的"不透明度"，如图 14-54 所示。

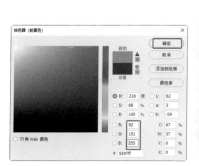

图14-53　设置前景色　　　　　　　　　　　　图14-54　新建并填充蓝色渐变

步骤 19 单击"图层"面板底部的 （创建新图层）按钮，创建一个新的空白图层。从上至下绘制渐变作为雾效，设置图层混合模式为"滤色"，设置合适的"不透明度"，如图 14-55 所示。

图14-55　新建并填充渐变

步骤 20 单击"图层"面板底部的 （创建新的填充或调整图层）按钮，在弹出的下拉菜单中选择"色彩平衡"

命令，调整整体色彩，如图 14-56 所示。

图14-56　设置色彩平衡

步骤 21 再次单击"图层"面板底部的 ◎（创建新的填充或调整图层）按钮，在弹出的下拉菜单中选择"色阶"命令，加强整体对比，如图 14-57 所示。

图14-57　设置色阶

步骤 22 选择"色阶"图层的遮罩图层，选择 ✎（画笔工具），设置前景色为黑色，选择一个合适的笔刷，绘制遮罩，如图 14-58 所示。

图14-58　使用画笔涂上黑色

步骤 23 选择"素材文件\第 14 章\闪耀阳光.psd"文件，将打开的图像拖曳到效果图中。按 Ctrl+T 快捷键，使用"自由变换"命令调整图像大小，并将其移动到球场下方的玻璃亮顶上，如图 14-59 所示。

图14-59　调整光效果

步骤24 确定前景色为黑色，单击"图层"面板底部的 □（创建新图层）按钮，创建一个新的空白图层。
按 G 键激活 □（渐变工具），从下至上绘制渐变，设置合适的"不透明度"将前景压暗，如图 14-60 所示。

图14-60　创建并填充渐变

14.5　调整最终效果

最后调整鸟瞰效果图，主要包括盖印两个图层并设置图层的"高反差保留"，然后设置图层混合模式。
步骤01 按 Ctrl+Alt+Shift+E 快捷键，盖印可见图像到新的图层中，设置图层混合模式为"柔光"，设置合
适的"不透明度"，如图 14-61 所示。

图14-61　盖印并设置图层属性

步骤 02 按 Ctrl+Alt+Shift+E 快捷键，再次盖印图层。选择菜单栏中的"滤镜"|"其他"|"高反差保留"命令，在弹出的"高反差保留"对话框中设置"半径"为 1.2 像素，如图 14-62 所示。

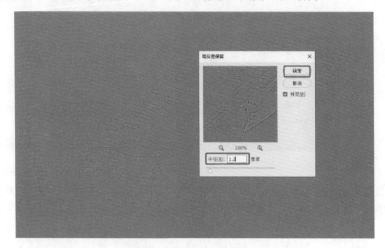

图14-62　设置高反差保留

步骤 03 设置图层混合模式为"叠加"，设置合适的"不透明度"，如图 14-63 所示。

图14-63　设置图层属性

步骤 04 此时左侧画面较亮。在工具箱中双击 （以快速蒙版模式编辑）按钮，在弹出的"快速蒙版选项"对话框中选中"所选区域"单选按钮，以红色快速蒙版区域，如图 14-64 所示。

步骤 05 按 Ctrl+Alt+Shift+E 快捷键，盖印图层。按住 Ctrl 键单击图层缩览图选择选区，按 Q 键进入快速蒙版，如图 14-65 所示。

图14-64　以快速蒙版模式编辑　　　　　图14-65　进入蒙版模式

步骤 06 按 G 键激活 ▦（渐变工具），在工具选项栏中单击▉▉▉ ▾（点按可编辑渐变）按钮，弹出"渐变编辑器"对话框，选择渐变类型为"前景色到背景色渐变"，从左至右绘制渐变。按 Q 键退出快速蒙版，如图 14-66 所示。

步骤 07 按 Ctrl+U 快捷键，在弹出的"色相/饱和度"对话框中降低"明度"，这样既降低了亮度，又使饱和度不会发生变化，如图 14-67 所示。

图14-66　设置蒙版渐变　　　　　　　　　　　　　　图14-67　设置明度

💡技巧 如果选区带有边框不便于观察，可以按 Ctrl+H 快捷键隐藏外框显示，在调整完成后再显示出来，按 Ctrl+D 快捷键取消选区的选择即可。

步骤 08 按 Ctrl+Alt+Shift+E 快捷键，盖印图层。按 Ctrl+M 快捷键，使用"曲线"命令压暗图像。按 E 键激活 ◢（橡皮擦工具），将笔刷调大，擦除中间区域，设置图层混合模式为"正片叠底"，设置合适的"不透明度"，如图 14-68 所示。

图14-68　盖印并调整图像

14.6　小结

本章讲述了一个鸟瞰效果图较为完整的后期处理过程，其中主要包括如何调整建筑的局部色调，通过调整局部色调来协调整体效果；并介绍了如何添加各装饰素材（如人物和汽车流光）及如何根据天气和气候制作效果图的渐变晕影等光效。希望通过对本章的学习能够开拓思路，读者在实际的操作中能制作出满意的鸟瞰作品。

第
15
章

室内彩色平面图的制作

本章介绍室内彩色平面图的制作。彩色平面图是根据实际尺寸和比例，按各个空间的需求和现实中家具的摆放而产生的一种平面的室内设计图纸，可以让人直接看到各个空间区域的家具摆放及空间功能，是初级室内设计师的必修课。

课堂学习目标

◇ 了解室内彩色平面图的制作构思
◇ 掌握填充墙面和窗户的方法
◇ 掌握添加地砖素材的方法
◇ 掌握添加植物和家具素材的方法
◇ 掌握最终效果的调整技巧

15.1 室内彩色平面图的制作构思

本章介绍如何制作别墅二层的室内彩色平面图。平面图主要是以平面的方式来显示各个空间的功能和效果。在现实生活中，许多开发商和售楼处在表现户型图的时候就会用到彩色平面图，可以比较直观地展示各个空间的布局。首先将图纸在 AutoCAD 软件中输出成一种图片格式，再通过 Photoshop 软件创建选区，填充选区，添加素材，调整素材大小，对素材进行移动、复制、修改等操作，完成室内彩色平面图的制作。图 15-1 所示为制作完成的室内彩色平面图。

7A别墅二楼平面图
建筑面积175平方米

图15-1 室内彩色平面图

15.2 填充墙面和窗户

在制作彩色平面图之前，要观察图纸的线段有没有断开。调整断点后，对彩色平面图的墙体和玻璃区域进行颜色填充。

步骤 01 选择"素材文件\第 15 章\别墅装修方案.bmp"文件，并用 CAD 打开素材中的 DWG 文件，查看平面图中各个区域的功能，如图 15-2、图 15-3 所示。

步骤 02 在工具箱中选择 ⚡（魔棒工具），在平面图中单击墙体区域，创建选区，如图 15-4 所示。

图15-2 打开的平面图文件

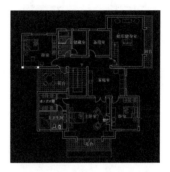

图15-3 打开的参考文件

图15-4 创建选区

步骤 03 在"图层"面板中单击 □（创建新图层）按钮，创建图层，并命名图层为"墙"。设置前景色为黑色，按 Alt+Delete 快捷键，填充选区为黑色，如图 15-5 所示。按 Ctrl+D 快捷键取消选区的选择。

图15-5 创建并填充选区

步骤04 在工具箱中选择 ▣（矩形选框工具），在玻璃的位置创建选区，如图 15-6 所示。

图15-6 创建选区

步骤05 选择"背景"图层，按 Ctrl+J 快捷键，复制选区中的图像到新的图层中。按 Ctrl+U 快捷键，在弹出的对话框中设置合适的着色参数，如图 15-7 所示。

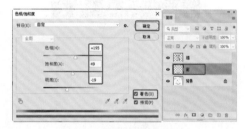

图15-7 设置图像的着色

15.3 添加地砖素材

在添加地砖的过程中，会用到大量的复制和遮罩功能。对这个重复的过程进行简单的操作，希望读者能从中找到技巧。

步骤01 打开"素材文件\第 15 章\砖 - 阳台 .psd"文件，如图 15-8 所示。

图15-8 打开的素材文件

步骤02 使用 ⊕（移动工具）将"砖 - 阳台"素材拖曳到平面图中。按 Ctrl+T 快捷键，打开自由变换功能，调整地砖的大小，并将其放置到阳台，如图 15-9 所示。

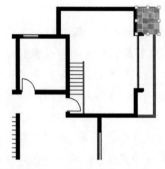

图15-9 调整素材的大小和位置

步骤03 按住 Alt 键，使用 ⊕（移动工具）移动复制素材图像，如图 15-10 所示。

图15-10 复制图像

步骤04 使用 ▣（矩形选框工具）在图中选择出地面区域，在选择之前可以仅显示"背景"图层，如图 15-11 所示。

图15-11 创建选区

步骤05 将所有复制的阳台砖图层选中，按 Ctrl+E 快捷键合并为一个图层，命名图层为"阳台砖"。

确定选区处于选择状态，选择"阳台砖"图层，单击 ■（添加矢量蒙版）按钮，如图 15-12 所示。

图15-12　创建蒙版

提示 在移动复制的过程中，会出现许多图层。可以将作为地砖的图层选中，按 Ctrl+E 快捷键，合并多个图层，以便于调整和管理。

步骤 06 选择"背景"图层，按 Ctrl+J 快捷键，复制出"背景拷贝"图层，调整该图层到"墙"图层的上方，设置图层的混合模式为"正片叠底"，如图 15-13 所示。

步骤 07 打开"素材文件 \ 第 15 章 \ 砖 01.psd"文件，如图 15-14 所示。

图15-13　复制图层　　图15-14　打开的"砖01"素材

步骤 08 使用 ✛（移动工具）将"砖 01"素材拖曳到平面布局图中，按 Ctrl+T 快捷键，调整素材的大小，按 Enter 键确定操作，并调整至合适的位置。按住 Alt 键，移动复制素材到如图 15-15 所示的左阳台、卫生间、储藏室和备用室位置，将复制出的砖 01 图层合并为一个。

步骤 09 使用 □（矩形选框工具）在左阳台、卫生间、储藏室和备用室范围创建选区，如图 15-16 所示。

步骤 10 单击 ■（添加蒙版）按钮，创建图层蒙版，

如图 15-17 所示。

图15-15　砖01素材在平面图中的位置

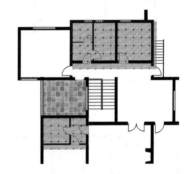

图15-16　创建选区

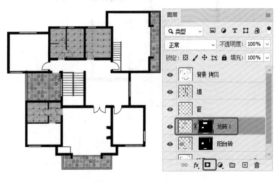

图15-17　添加蒙版

步骤 11 打开"素材文件 \ 第 15 章 \ 砖 02.psd"文件，如图 15-18 所示。

图15-18　打开的砖02素材

步骤)12 将"砖 02"素材文件拖曳到平面布局图中，调整其大小，对其进行复制，放置到如图 15-19 所示的位置。将复制出的砖 02 图层合并为一个。

图15-19　添加砖02素材

步骤)13 使用 □（矩形选框工具）在如图 15-20 所示的卫生间区域创建选区。

图15-20　创建选区

步骤)14 单击 □（添加蒙版）按钮，创建图层蒙版，如图 15-21 所示。

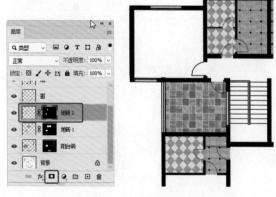

图15-21　添加蒙版后的效果

步骤)15 打开"砖 03.psd"文件，如图 15-22 所示。

图15-22　打开砖03

步骤)16 将"砖 03"拖曳到平面布局图中，调整图像的位置、大小，并对其进行复制，如图 15-23 所示。将复制出的砖 03 图层合并为一个。

图15-23　添加砖03

步骤)17 使用 □（矩形选框工具），在功能区中创建选区。单击 □（添加蒙版）按钮，为选区设置蒙版，如图 15-24 所示。

图15-24　创建蒙版

步骤)18 打开"素材文件 \ 第 15 章 \ 木地板 .psd"文

件，如图 15-25 所示。

图15-25　打开的木地板素材

步骤19 将木地板拖曳到平面图中，使用同样的方法创建其遮罩，如图 15-26 所示。

图15-26　创建木地板效果

步骤20 在"图层"面板中选择"墙"图层，按 Ctrl+U 快捷键，在弹出的对话框中勾选"着色"复选框，为墙体设置一个颜色。设置合适的参数，如图 15-27 所示，单击"确定"按钮。

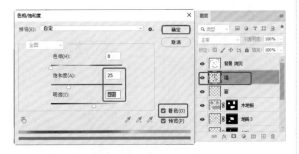

图15-27　调整墙的颜色

步骤21 调整后的墙体效果如图 15-28 所示。

步骤22 选择如图 15-29 所示的图层，单击 ▭（创建新组）按钮，将其放置到一个图层组中。

图15-28　墙体的颜色效果

图15-29　创建图层组

15.4　添加植物和家具素材

下面将为平面图添加植物和家具装饰素材，添加素材的过程也是重复操作的过程。下面会简单介绍如何添加植物和家具素材。

步骤01 打开"素材文件\第 15 章\植物（1）.png、植物（2）.png 和植物（3）.png"文件。其中，"植物（2）.png"素材效果如图 15-30 所示。

图15-30　打开的植物（2）素材

步骤02 将植物素材分别拖曳到平面图中，调整各植物素材的大小和位置。结合 ☑（多边形套索工具），将不需要的区域删除，如图 15-31 所示。

图15-31　添加的植物素材

步骤 03 打开"素材文件 \ 第 15 章 \ 家具 .psd"文件，如图 15-32 所示。

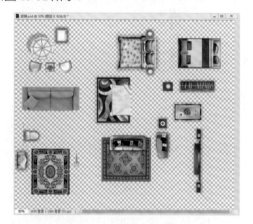

图15-32　打开的家具素材

步骤 04 将所需的素材分别添加到平面图中，调整素材至合适的位置和大小，图 15-33 所示为添加的家具效果。将添加的植物和家具图层选中，单击 ▭（创建新组）按钮，将其放置到同一个图层组中。

图15-33　添加的家具效果

步骤 05 在工具箱中单击前景色色块，弹出"拾色器（前景色）"对话框，设置 RGB 的参数为（226、221、161），如图 15-34 所示。

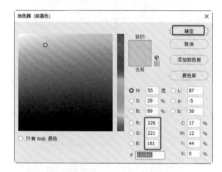

图15-34　设置前景色

步骤 06 在工具箱中选择 ▢（裁剪工具），裁剪出合适的图像区域。单击 ▣（创建新图层）按钮创建新图层，将其放置到"背景"图层上方。按 Alt+Delete 快捷键，为图层填充前景色，如图 15-35 所示。

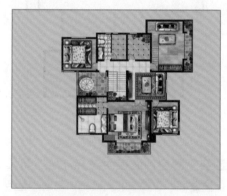

图15-35　创建并填充图层

步骤 07 使用 T（横排文字工具）在平面中创建文字，如图 15-36 所示。

7A别墅二楼平面图
建筑面积175平方米

图15-36　创建文字

15.5 调整最终效果

下面对最终效果进行调整。

步骤01 按 Ctrl+Alt+Shift+E 快捷键，将可见图层盖印到新的图层中。将新图层放置到"图层"面板的最顶部，设置图层的混合模式为"正片叠底"，设置"不透明度"为 20%，如图 15-37 所示。

图15-37 设置图层的混合模式

步骤02 选中此盖印图层，在菜单栏中选择"滤镜"|"其他"|"高反差保留"命令，在弹出的对话框中设置合适的参数，单击"确定"按钮，如图 15-38 所示。设置图层的混合模式为"线性光"。

至此，本案例制作完成。

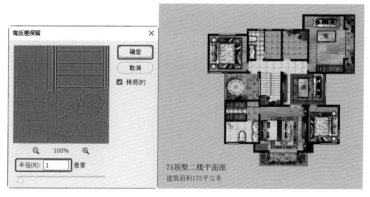

图15-38 最终效果

15.6 小结

本章介绍了如何填充素材图像制作室内彩色平面图效果。通过对本章的学习，希望读者能够使用各种图像制作出各种不同的效果。这里读者需要注意的是，可以通过不断的练习和制作不同的彩色平面图来收集各种不同的室内平面素材。

第

16

章

平面规划图的制作与表现

本章介绍小区平面规划图的制作方法，其中主要讲解了一个建筑中不同材质如何体现，园林景观如何正确添加，以及各地块所表示的含义。在制作过程中，可以练习识别地块中的建筑、铺装、车位、绿地、园林等区域划分，合理分配材质及添加素材，组合出完整的平面规划图。

课堂学习目标

◇ 了解平面规划图的制作构思
◇ 掌握初步调整平面图的方法
◇ 掌握建筑部分的调整技巧
◇ 掌握添加/绘制其他装饰部分的方法

16.1 平面规划图的制作构思

本章讲述的是一个小区部分平面规划图的制作方法，主要表现整个建筑基地的总体布局，具体表达新建房屋的位置、朝向以及周围环境等基本情况。图 16-1 所示为平面规划图效果。

图16-1 平面规划图

16.2 初步调整平面图

下面首先将打开的平面图调整至合适的状态，再为其添加其他装饰素材。

01 运行 Photoshop 软件，选择"素材文件\第 16 章\小区规划图 .tif"文件，打开的图像如图 16-2 所示。

图16-2 打开的小区规划图

02 在工具箱中设置前景色的 RGB 值为（100、100、100），如图 16-3 所示。

步骤03 在"图层"面板中单击 🖬（创建新图层）按钮，新建图层并命名为"马路"。按 Alt+Delete 快捷键，填充前景色，如图 16-4 所示。

图16-3 设置前景色为灰色　　图16-4 填充前景色

步骤04 在菜单栏中选择"滤镜"|"杂色"|"添加杂色"命令，在弹出的对话框中设置合适的参数，单击"确定"按钮，如图 16-5 所示。

步骤05 选择"背景"图层。按 Ctrl+J 快捷键，复制得到一个"背景拷贝"图层，如图 16-6 所示。

图16-5 添加杂色　　　图16-6 复制图层

步骤06 按 Ctrl+U 快捷键，在弹出的"色相/饱和度"对话框中设置合适的参数，单击"确定"按钮，如图 16-7 所示。

图16-7 设置色相/饱和度

步骤)07 按 Ctrl+L 快捷键，在弹出的对话框中调整色阶参数，单击"确定"按钮，如图 16-8 所示。

图16-8 设置色阶参数

图16-9 调整后的图像效果

步骤)08 调整后的"背景拷贝"图层如图 16-9 所示。

步骤)09 在工具箱中选择 ✨（魔棒工具），在图中选择白色区域，如图 16-10 所示。

步骤)10 选择白色的线，按 Ctrl+J 快捷键复制线到新的图层中，按 Ctrl+I 快捷键设置图像的反相，如图 16-11 所示。

步骤)11 将"背景拷贝"图层删除，调整后的平面图如图 16-12 所示。

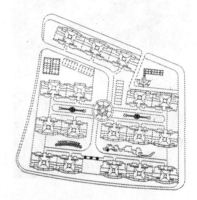

图16-10 创建白色选区

图16-11 复制黑线框到新的图层

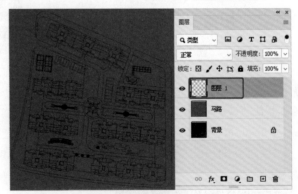

图16-12 删除图层

16.3 调整建筑部分

下面主要通过创建选区、填充选区的颜色、调整图像的投影制作出建筑部分。

步骤)01 使用 ✨（多边形套索工具）在如图 16-13 所示的区域创建选区。

步骤)02 在"图层"面板中新建"房顶"图层，设置背景色为白色。按 Ctrl+Delete 快捷键，填充选区为白色，如图 16-14 所示。按 Ctrl+D 快捷键，取消选区的选择。

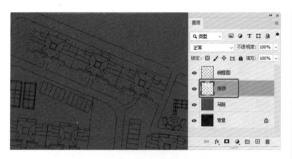

图16-13 创建选区

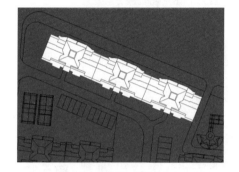

图16-14 填充选区为白色

步骤)03 设置前景色的 RGB 值为（172、82、82），如图 16-15 所示。

图16-15 设置前景色

步骤)04 在如图 16-16 所示的位置创建选区。

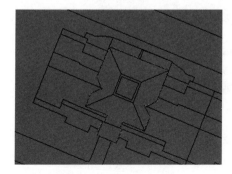

图16-16 创建顶部选区

步骤)05 在"图层"面板中创建"红房顶"图层，调

整图层的位置。按 Alt+Delete 快捷键，为选区填充前景色，如图 16-17 所示。

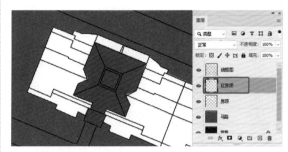

图16-17 为选区填充前景色

步骤)06 按 Ctrl+D 快捷键，取消红房顶选区的选择，在菜单栏中选择"滤镜"|"杂色"|"添加杂色"命令，在弹出的对话框中设置合适的参数，单击"确定"按钮，如图 16-18 所示。

图16-18 添加红房顶的杂色

步骤)07 在"图层"面板中双击"红房顶"图层，在弹出的"图层样式"对话框中勾选"投影"选项，设置合适的投影参数，单击"确定"按钮，如图 16-19 所示。

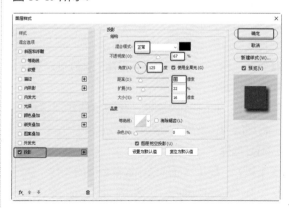

图16-19 设置红房顶的投影

步骤 08 使用同样的方法，设置"房顶"图层的投影效果，如图 16-20 所示。

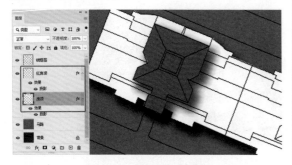

图16-20　设置房顶的投影

步骤 09 参考前面绘制房顶和红房顶的操作，制作出其他的房顶，设置房顶的投影。最后将红房顶和房顶所有图层分别合并为一个图层，如图 16-21 所示。

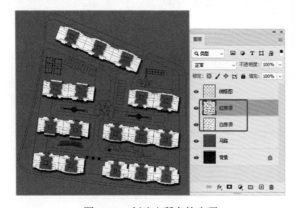

图16-21　创建出所有的房顶

16.4　添加/绘制其他装饰部分

下面将为平面规划图绘制马路、停车位、羽毛球场、廊架、水、草地、绿植等部分。在添加 / 绘制过程中，需要注意图层的位置。

步骤 01 使用 🔾（套索工具）在马路的区域创建选区，如图 16-22 所示。

步骤 02 按 Shift+F6 快捷键，在弹出的对话框中设置合适的羽化参数，如图 16-23 所示。

步骤 03 选择"马路"图层，在工具箱中选择 🔦（减淡工具），在工具选项栏中设置合适的参数，在选区中减淡马路的颜色，如图 16-24 所示。按 Ctrl+D 快捷键，取消选区的选择。

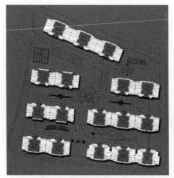

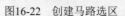

图16-22　创建马路选区　　　　图16-23　设置羽化

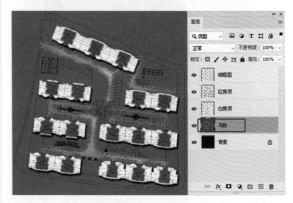

图16-24　设置马路颜色的减淡

步骤 04 在工具箱中选择 🪄（魔棒工具），设置合适的工具属性后创建选区。在"图层"面板中新建"停车位"图层，设置背景色为白色，按 Ctrl+Delete 快捷键，填充选区为白色，为其设置合适的投影效果，如图 16-25 所示。

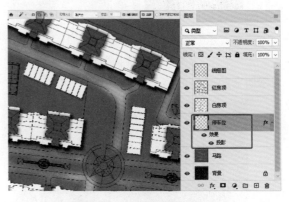

图16-25　填充白色停车位

步骤 05 在"图层"面板中新建"黄线"图层，确定选区处于选择状态，在菜单栏中选择"编辑"|"描边"命令，在弹出的对话框中设置描边的颜色为黄色，设置合适的参数，单击"确定"按钮，如图 16-26 所示。

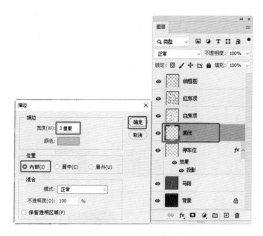

图16-26 为选区描边

步骤 06 打开"素材 .psd"文件，如图 16-27 所示。

图16-27 打开素材文件

步骤 07 在素材文件中右击需要添加的草地图像，选择其所在的图层，将其拖曳到平面规划图中，对其进行复制，如图 16-28 所示。将所有的草地图层合并为一个图层"草地 01"。

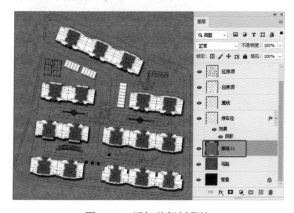

图16-28 添加并复制草地

步骤 08 使用 ✎（魔棒工具）选择"背景"图层，通过背景图层创建选区。选择草地所在的图层，按

Ctrl+Shift+I 快捷键设置反选，按 Delete 键删除反选的区域，如图 16-29 所示。

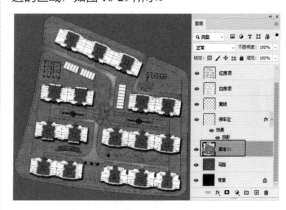

图16-29 删除反选的草地区域

步骤 09 双击草地图层，在弹出的"图层样式"对话框中选择"外发光"选项，设置合适的参数，单击"确定"按钮，如图 16-30 所示。

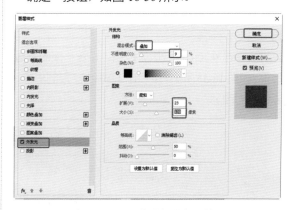

图16-30 设置草地的外发光效果

步骤 10 使用制作停车位的方法绘制羽毛球场，如图 16-31 所示。

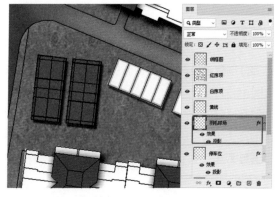

图16-31 绘制羽毛球场

步骤 11 在菜单栏中选择"滤镜"|"杂色"|"添加杂色"

命令，在弹出的对话框中设置羽毛球场的杂色效果，如图 16-32 所示。

步骤)12 将素材文件中的蓝色图片拖曳到平面规划图中，调整合适的大小和位置，如图 16-33 所示。

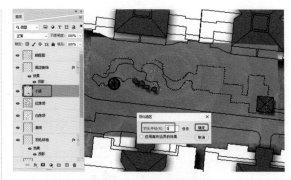

图16-34　设置选区的羽化

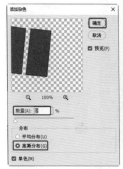
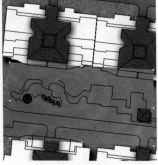

图16-32　设置杂色　图16-33　添加蓝色图像到平面中

步骤)13 🔲（多边形套索工具）结合 🔲（套索工具），创建出小溪选区。按 Shift+F6 快捷键，在弹出的对话框中设置羽化参数，单击"确定"按钮，如图 16-34 所示。

步骤)14 单击 🔲（添加蒙版）按钮，设置小溪的蒙版效果，如图 16-35 所示。按 Ctrl+J 快捷键，复制出"小溪拷贝"图层。

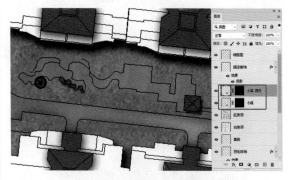

图16-35　创建图层蒙版

步骤)15 选择两个小溪图层，将其合并为一个。双击小溪图层，在弹出的"图层样式"对话框中设置"内发光"参数，如图 16-36 所示。

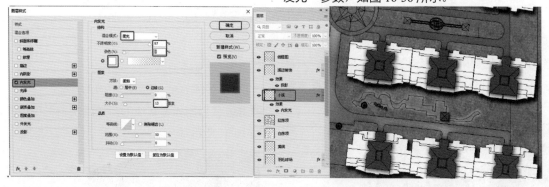

图16-36　设置小溪的内发光效果

步骤)16 创建廊架选区，创建新的图层并填充相应的颜色，调整图层到合适的位置，设置图层的"投影"效果，如图 16-37 所示。

步骤)17 通过"背景"图层使用 🔲（魔棒工具）创建如图 16-38 所示的选区，创建"拼花"图层并填充为红砖色。

步骤)18 使用同样的方法创建并填充选区，如图 16-39 所示。

步骤)19 双击"拼花"图层，在弹出的"图层样式"对话框中选择"内发光"选项，设置合适的参数，如图 16-40 所示。

步骤)20 使用同样的方法创建另一处的拼花，设置合适的内发光效果，如图 16-41 所示。

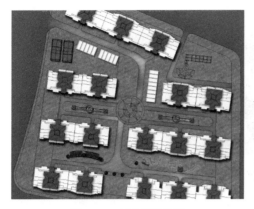

图16-37 创建廊架效果

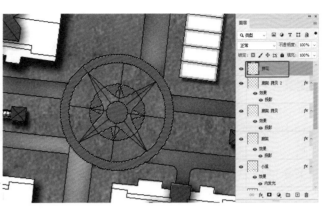

图16-38 创建并填充砖色

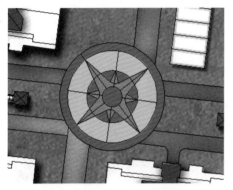

图16-39 创建并填充选区拼花

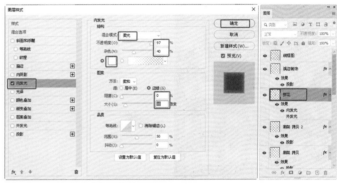

图16-40 设置拼花的内发光效果

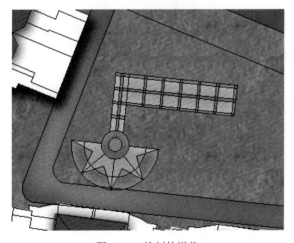

图16-41 绘制的拼花

步骤 21 将装饰素材图层放置到同一个图层组中，如图 16-42 所示。

步骤 22 将素材文件中的植物素材拖曳到平面规划图中，然后不断地进行添加和复制，图 16-43 所示为添加的植物。可以将添加的植物图层放置到一个图层组中。

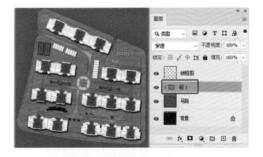

图16-42 将图层放置到组中

图16-43 添加植物

步骤 23 使用 ✐（直线工具）在平面规划图的外缘绘制马路的黄白线，如图 16-44 所示。使用 ● （减淡工具）涂抹公路的亮部。

步骤 24 按 Ctrl+Shift+Alt+E 快捷键，盖印所有可见图层到新的图层中，设置图层的混合模式为"柔光"。按 Ctrl+L 快捷键，打开"色阶"对话框，调整色阶，如图 16-45 所示。

步骤 25 最后为其设置一个四角压暗效果，如图 16-46 所示，这里就不详细介绍操作过程了。本案例制作完成。

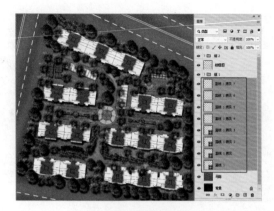

图16-44　绘制黄白线

图16-45　调整色阶　　　　　　　　　　　　图16-46　最终效果

16.5　小结

　　本章介绍的是某小区部分平面规划图的制作方法，通过填充图像、裁剪添加的素材以及添加各种植物素材，并对各种素材图像的图层样式进行调整来完成操作。通过对本章的学习，希望读者能够学会填充图像、裁剪素材以及设置图层样式。

第
17
章

效果图的打印与输出

本章介绍如何打印与输出效果图，其中主要讲解了打印与输出的注意事项以及选项设置。需要注意的是，必须根据方案用途和客户要求设置，因为这是最终展现在纸质文案或宣传广告中的画面，是最直观的表现。

课堂学习目标

◇了解效果图打印与输出的准备工作
◇掌握效果图的打印与输出

17.1　打印与输出的准备工作

　　打印与输出是制作计算机效果图的最后操作，图像在打印与输出之前，都是在计算机屏幕上操作的，根据打印与输出的用途不同，有不同的设置要求。无论是将图像打印到桌面打印机还是将图像发送到印前设备，了解一些有关打印的基础知识都会使工作进行得更加顺利，并有助于确保完成的图像达到预期的效果。

　　为了确保打印与输出的图像和用户要求的一致，打印与输出之前制作者必须弄清楚下面几个事项。

●　制作者必须知道客户需要的最终输出尺寸。根据客户的需求制作效果图及设置输出尺寸，同时掌握合理的渲染精度和尺寸，可以避免无用的额外劳动，也能避免不必要的时间浪费。

●　对于各种计算机用户而言，打印文件意味着将图像发送到喷墨打印机。Photoshop 则可以将图像发送到多种设备，如直接在纸上打印图像或将图像转换为胶片上的正片或负片图像。在后一种情况中，可使用胶片创建主印版，以便通过机械印刷机印刷。

●　精确设置图像的分辨率。如果对效果图要求不高，一般可以设置分辨率为 72 像素 / 英寸；如果用于印刷，则分辨率不能低于 300 像素 / 英寸；如果是大型户外广告，分辨率低点则没关系。

●　如果效果图需要印刷，则要考虑印刷品与屏幕色彩的巨大差异。屏幕的色彩由 R（红）、G（蓝）、B（绿）三色发光点组成，印刷品由 C（青）、M（品红）、Y（黄）、K（黑）四色油墨套色印刷而成，这是两个色彩体系，它们之间总有不兼容的地方。可以将图像转换为 CMYK 模式，然后进行渲染输出。

17.2　效果图的打印与输出

　　下面将介绍如何打印与输出效果图。打印与输出效果图需要进行页面设置，即对图像的打印质量、纸张大小、缩放等进行设定。

　　在默认情况下，Photoshop 软件可以打印所有可见的图层或通道。如果只想打印个别的图层或通道，就需在打印之前将所需打印的图层或通道设置为可见。

　　在进行正式打印与输出之前，必须对打印效果进行预览。选择菜单栏中的"文件"|"打印"命令，即可弹出"Photoshop 打印设置"对话框，如图 17-1 所示。

图17-1　"Photoshop打印设置"对话框

　　"Photoshop 打印设置"对话框左边为图像的预览区域，右边为打印参数设置区域，其中包括"位置和大小""缩放后的打印尺寸""打印机设置"等选项，下面将分别对其进行介绍。

1. 图像预览区域

　　在此区域中可以观察图像在打印纸上的打印区域。

2. 位置和大小

　　在"Photoshop 打印设置"对话框的右侧上下拖动滑块，可以显示"位置和大小"选项组，它用来设置打印图像的位置和大小，如图 17-2 所示。

图17-2 "位置和大小"选项组

- 居中：选中此复选框，表示图像将位于打印纸的中央。系统一般会自动选中该选项。
- 顶：表示图像距离打印纸顶边的距离。
- 左：表示图像距离打印纸左边的距离。
- 缩放：表示图像打印的缩放比例。若选中"缩放以适合介质"复选框，则表示 Photoshop 会自动将图像缩放到合适大小，使图像能满幅打印到纸张上。
- 高度：指打印文件的高度。
- 宽度：指打印文件的宽度。
- 打印选定区域：如果选中该复选框，在图像预览区域中会出现控制点，拖动控制点，可以直接拖曳调整打印范围。

3. 打印标记

- 角裁剪标志：选中该复选框，在要裁剪页面的位置打印裁剪标志，可以在角上打印裁剪标志，如图 17-3 所示。

图17-3 角裁剪标志

- 中心裁剪标志：选中该复选框，可在要裁剪页面的位置打印裁剪标志，可在每个边的中心打印裁剪标志，以便对准图像中心，如

图 17-4 所示。

图17-4 中心裁剪标志

- 套准标记：在图像上打印套准标记（包括靶心和星形靶），这些标记主要用于对齐分色，如图 17-5 所示。

图17-5 套准标记

- 说明：打印在"文件简介"对话框中输入的文本（最多约 300 个字符）。默认采用 9 号 Helvetica 无格式字体打印说明文本。
- 标签：在图像上方打印文件名。如果采用分色打印，则将分色名称作为标签的一部分进行打印。

 注意 只有当纸张比打印图像大时，才会打印套准标记、裁剪标志和标签。

4. 函数

- 药膜朝下：使文字在药膜朝下（即胶片或相纸上的感光层背对用户）时可读。正常情况下，纸上的图像是药膜朝上打印的，感光层正对着用户时文字可读。胶片上的图像通常采用药膜朝下的方式打印，如图 17-6 所示。

图17-6　药膜朝下

- 负片：打印整个图像（包括所有蒙版和任何背景色）的反相版本。与菜单栏中的"图像"|"反相"命令不同，"负片"选项将输出图像（而非屏幕上的图像）转换为负片，如图17-7所示。
- 背景：选择要在页面上的图像区域外打印的背景色。例如，对于打印到胶片记录仪的幻灯

片，黑色或彩色背景可能很理想。要使用该选项，可单击"背景"按钮，然后在弹出的"拾色器（打印背景色）"对话框中选择一种颜色。这仅是一个打印选项，它不影响图像本身，如图17-8和图17-9所示。

图17-7　负片效果

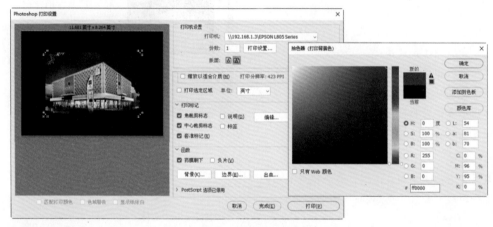

图17-8　设置背景颜色

图17-9　设置背景颜色后的效果

- 边界：在图像周围打印一个黑色边框。单击"边界"按钮，在弹出的"边界"对话框中输入一

个数字并选取单位，用于指定边框的宽度，如图17-10所示。

图17-10　设置边界效果

● 出血：在图像内而不是在图像外打印裁剪标志。使用此选项，可在图形内裁剪图像。单击"出血"按钮，在弹出的"出血"对话框中输入一个数字并选取单位，用于指定出血的宽度，如图 17-11 所示。

图17-11　"出血"对话框

设置完成后，单击"Photoshop 打印设置"对话框右下角的"打印"按钮，弹出"打印"对话框，根据提示设置打印机即可，这里就不再详细介绍了。

17.3　小结

打印与输出是进行效果图制作的最后一步，也是最关键的一步。因为将一幅完美的作品打印出来，被客户接受，发挥其应有的价值，是制作的最终目的。通过本章的学习，希望读者能够掌握如何在 Photoshop 软件中修改图像的尺寸和分辨率，并使自己的作品在打印时满足所需的输出要求。